Ashwani Kumar

IA para a ação climática

Ashwani Kumar

IA para a ação climática

Tirar partido da tecnologia para o desenvolvimento sustentável Objetivo 13 dos ODS

ScienciaScripts

Imprint

Any brand names and product names mentioned in this book are subject to trademark, brand or patent protection and are trademarks or registered trademarks of their respective holders. The use of brand names, product names, common names, trade names, product descriptions etc. even without a particular marking in this work is in no way to be construed to mean that such names may be regarded as unrestricted in respect of trademark and brand protection legislation and could thus be used by anyone.

Cover image: www.ingimage.com

This book is a translation from the original published under ISBN 978-620-7-46708-2.

Publisher:
Sciencia Scripts
is a trademark of
Dodo Books Indian Ocean Ltd. and OmniScriptum S.R.L publishing group

120 High Road, East Finchley, London, N2 9ED, United Kingdom
Str. Armeneasca 28/1, office 1, Chisinau MD-2012, Republic of Moldova, Europe
Printed at: see last page
ISBN: 978-620-7-27829-9

IA para a ação climática: Tirar partido da tecnologia para o desenvolvimento sustentável

Objetivo 13 dos ODS

Por

Sr. Ashwani Kumar

Universidade K.R. Mangalam, Gurugram, Haryana-122103, Índia

PREFÁCIO

As alterações climáticas constituem um dos desafios mais prementes do nosso tempo, ameaçando os ecossistemas, as economias e as sociedades de todo o mundo. Em resposta a esta questão global urgente, as Nações Unidas delinearam um quadro abrangente para o desenvolvimento sustentável, encapsulado nos Objectivos de Desenvolvimento Sustentável (ODS). No centro destes objectivos está o Objetivo 13 dos ODS: Ação Climática, que apela a esforços imediatos e ambiciosos para combater as alterações climáticas e os seus impactos. IA para a ação climática: Leveraging Technology for Sustainable Development - SDG Goal 13 embarcar numa viagem para explorar a intersecção da Inteligência Artificial (IA) e da ação climática, examinando como as tecnologias avançadas podem ser aproveitadas para abordar as complexidades das alterações climáticas e contribuir para a realização do Objetivo 13 do ODS. À medida que o mundo adopta cada vez mais soluções baseadas na IA em vários domínios, desde os cuidados de saúde às finanças, torna-se imperativo aproveitar o poder transformador da IA na luta contra as alterações climáticas. O livro aprofunda as inúmeras formas como a IA pode revolucionar a nossa abordagem à ação climática, desde a monitorização e previsão até à mitigação e adaptação, e, ao mesmo tempo, examina as considerações éticas inerentes ao desenvolvimento e implementação da IA para a ação climática, salientando os princípios da equidade, transparência, responsabilidade e sustentabilidade ambiental.

Sr. Ashwani Kumar

CONTEÚDO

CAPÍTULO 1

Introdução ao Objetivo 13 dos ODS e à Inteligência Artificial

Introdução

O Objetivo de Desenvolvimento Sustentável (ODS) 13, "Ação Climática", é um dos 17 objectivos globais adoptados pelas Nações Unidas em 2015 como parte da Agenda 2030 para o Desenvolvimento Sustentável. Este objetivo sublinha a necessidade urgente de os países tomarem medidas imediatas e decisivas para combater as alterações climáticas e os seus impactos. As alterações climáticas representam um dos desafios mais significativos do nosso tempo, afectando todos os aspectos da vida humana, incluindo o ambiente, a economia, a saúde e o bem-estar social. O ODS 13 visa mobilizar esforços colectivos para abordar esta questão premente e construir um futuro sustentável para todos.

Compreender as alterações climáticas: As alterações climáticas referem-se a alterações a longo prazo nos padrões climáticos globais ou regionais, atribuídas principalmente a actividades humanas como a queima de combustíveis fósseis, a desflorestação, os processos industriais e a agricultura. Estas actividades libertam gases com efeito de estufa (GEE), como o dióxido de carbono (CO_2), o metano (CH_4) e o óxido nitroso (N_2O) para a atmosfera, conduzindo ao aumento do efeito de estufa e ao subsequente aquecimento global. As consequências das alterações climáticas incluem o aumento das temperaturas, fenómenos meteorológicos extremos, subida do nível do mar, perda de biodiversidade e perturbação dos ecossistemas.

Objectivos-chave do ODS 13: O ODS 13 define vários objectivos-chave destinados a abordar as alterações climáticas e os seus impactos:

Reforçar os esforços de atenuação: Este objetivo centra-se na redução das emissões de gases com efeito de estufa para limitar o aquecimento global e atenuar os efeitos adversos das alterações climáticas. Coloca a tónica na transição para fontes de energia renováveis, no aumento da eficiência energética, na promoção de práticas sustentáveis de utilização dos solos e na adoção de tecnologias mais limpas em vários sectores.

Reforçar a adaptação e a resiliência: O ODS 13 sublinha a importância de criar resiliência aos riscos relacionados com o clima e de se adaptar às alterações climáticas. Isto inclui a implementação de infra-estruturas resistentes ao clima, a melhoria dos mecanismos de preparação e resposta a catástrofes, a melhoria das práticas agrícolas e a proteção de comunidades e ecossistemas vulneráveis.

Mobilizar o financiamento da luta contra as alterações climáticas: A resposta às alterações climáticas requer recursos financeiros significativos para apoiar os esforços de mitigação e adaptação, particularmente nos países em desenvolvimento. O ODS 13 apela a um maior investimento em projectos favoráveis ao clima, a mecanismos de financiamento inovadores e à mobilização de fundos de fontes públicas e privadas para apoiar iniciativas de ação climática.

Reforçar as parcerias globais: A concretização do ODS 13 exige a colaboração e a cooperação entre governos, organizações internacionais, sociedade civil, empresas e outras partes interessadas. Este objetivo sublinha a importância de promover parcerias a nível local, nacional e global para partilhar conhecimentos, recursos e melhores práticas no combate às alterações climáticas.

Progressos e desafios: Desde a adoção dos ODS em 2015, foram feitos progressos significativos na sensibilização para as alterações climáticas e na mobilização de acções a nível internacional. No entanto, persistem vários desafios para enfrentar eficazmente as alterações climáticas e alcançar os objectivos do ODS 13:

Ambição insuficiente: Apesar do reconhecimento crescente da urgência da ação climática, muitos países ainda não aplicaram políticas e medidas ambiciosas para reduzir as emissões de GEE e aumentar a resiliência. O fosso entre as actuais promessas de redução das emissões e os objectivos estabelecidos no Acordo de Paris continua a ser significativo, salientando a necessidade de uma maior vontade e empenho políticos.

Recursos limitados: O défice de financiamento da ação climática continua a ser um grande obstáculo, em especial para os países em desenvolvimento que não dispõem dos recursos financeiros e da capacidade técnica para aplicar medidas de adaptação e atenuação. Mobilizar o financiamento climático e assegurar a sua afetação e utilização eficazes são essenciais para alcançar as metas do ODS 13 e apoiar as comunidades vulneráveis.

Desigualdade e vulnerabilidade: As alterações climáticas afectam de forma desproporcionada as populações marginalizadas e vulneráveis, incluindo as mulheres, as crianças, os povos indígenas e as pessoas que vivem na pobreza. Abordar as desigualdades sociais, económicas e ambientais exacerbadas pelas alterações climáticas é essencial para construir um futuro mais equitativo e sustentável.

Interligações complexas: As alterações climáticas estão interligadas com outros ODS, incluindo a erradicação da pobreza, a segurança alimentar, a saúde, a igualdade de género e as cidades sustentáveis. A realização do ODS 13 exige uma abordagem integrada que aborde estas interligações e promova sinergias entre a ação climática e outras prioridades de desenvolvimento.

A Inteligência Artificial (IA) e as suas potenciais aplicações na luta contra as alterações climáticas

As alterações climáticas são um dos desafios mais prementes do nosso tempo, com implicações de grande alcance para os ecossistemas, as economias e o bem-estar humano. A resposta às alterações climáticas exige abordagens inovadoras que possam analisar rapidamente grandes quantidades de dados, prever tendências futuras e informar os processos de tomada de decisões. Neste contexto, a inteligência artificial (IA) surge como uma ferramenta poderosa com potencial para revolucionar os nossos esforços no combate às alterações climáticas. Tirando partido das tecnologias de IA, podemos melhorar a nossa compreensão da dinâmica climática, otimizar a gestão dos recursos e desenvolver estratégias eficazes tanto para a atenuação como para a adaptação.

Compreender o potencial da IA no combate às alterações climáticas: A inteligência artificial engloba uma vasta gama de tecnologias que permitem às máquinas realizar tarefas que tradicionalmente requerem a inteligência humana, como a aprendizagem, o raciocínio e a resolução de problemas. A aprendizagem automática, um subconjunto da IA, permite que os sistemas aprendam com os dados e melhorem o seu desempenho ao longo do tempo sem programação explícita. Estas capacidades tornam a IA especialmente adequada para enfrentar os desafios complexos e dinâmicos colocados pelas alterações climáticas.

Aplicações da IA na atenuação das alterações climáticas: A IA oferece inúmeras aplicações para atenuar as alterações climáticas, optimizando a utilização dos recursos, reduzindo as emissões e fazendo avançar as tecnologias de energias renováveis. Uma área fundamental em que a IA pode ter um impacto significativo é a da otimização energética. Os algoritmos de aprendizagem automática podem analisar padrões de consumo de energia e identificar oportunidades de melhoria da eficiência em edifícios, sistemas de transporte e processos industriais. Ao otimizar a utilização de energia, a IA pode ajudar a reduzir as emissões de gases com efeito de estufa e a diminuir a pegada de carbono de vários sectores. Outro domínio em que a IA pode contribuir para a atenuação das alterações climáticas é a integração de fontes de energia renováveis na rede. Os algoritmos de IA podem prever a produção de energia renovável com base nos padrões climáticos e na procura da rede, permitindo uma melhor integração e gestão da energia solar e eólica. Além disso, os sistemas de manutenção preditiva orientados para a IA podem otimizar o desempenho das infra-estruturas de energias renováveis, garantindo a máxima eficiência e longevidade.

Além disso, a IA pode desempenhar um papel crucial na agricultura sustentável, optimizando as práticas de gestão das culturas, minimizando a utilização de recursos e reduzindo os impactos ambientais. Os algoritmos de aprendizagem automática podem analisar dados do solo e meteorológicos para recomendar calendários de irrigação personalizados, estratégias de gestão de pragas e planos de rotação de culturas. Ao maximizar a produtividade agrícola e minimizar a utilização de recursos, a IA pode ajudar a mitigar a pegada ambiental da produção alimentar.

Aplicações da IA na adaptação às alterações climáticas: Para além dos esforços de atenuação, a IA pode também apoiar a adaptação às alterações climáticas, aumentando a resiliência aos riscos e catástrofes relacionados com o clima. Um exemplo é a utilização de sistemas de alerta precoce baseados na IA para fenómenos meteorológicos extremos. Os algoritmos de aprendizagem automática podem analisar dados meteorológicos históricos, imagens de satélite e outras fontes de informação para prever o início e a gravidade de furacões, inundações e incêndios florestais. Ao fornecerem avisos atempados e precisos, estes sistemas podem ajudar as comunidades a prepararem-se e a responderem mais eficazmente às catástrofes relacionadas com o clima. A IA pode também apoiar a gestão dos recursos naturais e os esforços de conservação dos ecossistemas face às alterações climáticas. Por exemplo, os algoritmos de IA podem analisar imagens de satélite para monitorizar as alterações na utilização dos solos, as taxas de desflorestação e os pontos críticos de biodiversidade. Ao identificar áreas em risco de perda ou degradação do habitat, a IA pode informar as estratégias de conservação e dar prioridade às acções de conservação onde estas são mais necessárias.

Desafios e considerações: Embora o potencial da IA na abordagem das alterações climáticas seja significativo, há também desafios e considerações que têm de ser abordados. Um dos desafios é a disponibilidade e a qualidade dos dados, que são essenciais para treinar os algoritmos de IA e fazer previsões exactas. Além disso, há preocupações éticas e de equidade relacionadas com a utilização da IA na mitigação e adaptação às alterações climáticas, tais como garantir que as tecnologias de IA beneficiem todas as comunidades e não exacerbem as desigualdades existentes.

A inteligência artificial é muito promissora para enfrentar os desafios multifacetados das alterações climáticas, melhorando a nossa compreensão, optimizando a nossa utilização dos recursos e melhorando a nossa resistência aos riscos relacionados com o clima. Ao aproveitar o poder das tecnologias de IA, podemos desenvolver soluções inovadoras que nos ajudem a atenuar os impactes das alterações climáticas e a construir um futuro mais sustentável e resiliente para as gerações vindouras.

Integrar a inteligência artificial nos esforços de ação climática

Perante a escalada dos desafios das alterações climáticas, a integração de tecnologias de ponta tornou-se imperativa para enfrentar as complexidades da degradação ambiental. Entre estas tecnologias, a Inteligência Artificial (IA) destaca-se como uma ferramenta potente com a capacidade de revolucionar os esforços de ação climática. Este ensaio visa elucidar a importância da integração da IA nos esforços de ação climática, destacando o seu potencial transformador para melhorar as estratégias de monitorização, mitigação e resiliência.

Aproveitamento da IA para a monitorização e previsão do clima: No centro de uma ação climática eficaz está a capacidade de monitorizar e prever com precisão as alterações ambientais. Os algoritmos orientados para a IA possuem capacidades sem paralelo para processar grandes volumes de dados, deduzir padrões e prever tendências climáticas com uma precisão sem precedentes. Ao assimilar dados de diversas fontes, como imagens de satélite, estações meteorológicas e sensores ambientais, os sistemas de IA podem fornecer informações em tempo real sobre a dinâmica climática. Isto permite aos decisores políticos e às partes interessadas tomar decisões informadas, formular estratégias adaptativas e afetar recursos de forma eficiente para mitigar os riscos climáticos.

A utilização da IA na monitorização do clima também se estende a áreas cruciais como a deteção da desflorestação, a conservação da biodiversidade e a avaliação da qualidade do ar. Através de técnicas avançadas de reconhecimento de imagem e algoritmos de aprendizagem automática, as plataformas de IA podem analisar imagens de satélite para identificar pontos críticos de desflorestação, monitorizar alterações na cobertura do solo e seguir os padrões de migração de espécies ameaçadas. Além disso, os sensores alimentados por IA podem monitorizar os poluentes atmosféricos nas zonas urbanas, permitindo às autoridades implementar intervenções específicas para reduzir as emissões e melhorar as normas de qualidade do ar.

Atenuar as alterações climáticas através de soluções de IA: A IA tem um imenso potencial para impulsionar inovações destinadas a reduzir as emissões de gases com efeito de estufa e a promover práticas energéticas sustentáveis. Ao tirar partido da análise preditiva e dos algoritmos de otimização, os sistemas de IA podem otimizar o consumo de energia, aumentar a eficiência dos sistemas de energias renováveis e facilitar a integração de redes de energia descentralizadas. Por exemplo, as redes inteligentes com IA podem ajustar dinamicamente a distribuição de energia com base em padrões de procura em tempo real, minimizando assim o desperdício e maximizando a utilização de fontes de energia renováveis.

Além disso, as soluções baseadas em IA estão a revolucionar sectores como os transportes, a agricultura e a indústria transformadora, conduzindo a reduções significativas nas emissões de carbono. Os veículos autónomos equipados com tecnologias de IA prometem revolucionar os sistemas de transporte, reduzindo o congestionamento, optimizando as rotas e minimizando o consumo de combustível. Na agricultura, as técnicas de agricultura de precisão baseadas em IA permitem que os agricultores optimizem a utilização dos recursos, minimizem os produtos químicos e reduzam o impacto ambiental das práticas agrícolas. Do mesmo modo, as inovações impulsionadas pela IA nos processos industriais facilitam a adoção de métodos de produção mais limpos, reduzindo assim as emissões e promovendo práticas de fabrico sustentáveis.

Reforçar a resiliência climática através da IA: Para além dos esforços de mitigação, a IA desempenha um papel crucial no reforço da resiliência climática e da preparação para catástrofes. Os modelos preditivos e os sistemas de alerta precoce baseados na IA permitem às autoridades antecipar os riscos relacionados com o clima, como furacões, inundações e incêndios florestais, minimizando assim o seu impacto nas comunidades vulneráveis. Ao analisar dados históricos, padrões meteorológicos e indicadores socioeconómicos, os algoritmos de IA podem prever a probabilidade e a gravidade de fenómenos meteorológicos extremos, permitindo medidas de evacuação e atribuição de recursos em tempo útil.

Além disso, os sistemas de apoio à decisão alimentados por IA facilitam o planeamento adaptativo e as estratégias de gestão do risco, permitindo aos decisores políticos construir infra-estruturas resilientes, melhorar os serviços dos ecossistemas e reforçar a resiliência das comunidades. Por exemplo, as ferramentas de cartografia de inundações baseadas em IA podem identificar áreas de alto risco e informar as decisões de planeamento da utilização dos solos, reduzindo assim a exposição aos riscos de inundação e evitando a perda de vidas e bens. Do mesmo modo, os modelos de avaliação de riscos baseados em IA permitem às companhias de seguros desenvolver mecanismos inovadores de transferência de riscos, garantindo a proteção financeira das comunidades vulneráveis a catástrofes induzidas pelo clima.

A integração da IA nos esforços de ação climática é extremamente promissora para enfrentar os desafios multifacetados colocados pelas alterações climáticas. Desde o reforço das capacidades de monitorização e previsão do clima até à promoção de inovações nas estratégias de atenuação e resiliência, a IA oferece um conjunto de ferramentas e soluções para enfrentar as questões ambientais mais prementes do nosso tempo. No entanto, a concretização de todo o potencial da IA na ação climática exige esforços concertados por parte dos governos, das empresas e da sociedade civil para fomentar a inovação, investir em investigação e desenvolvimento e promover uma implantação ética e responsável da IA. Ao aproveitar o poder transformador da IA, podemos traçar um rumo para um futuro sustentável e resiliente para as gerações vindouras.

Intersecção da IA e da ação climática: Desafios e oportunidades

A Inteligência Artificial (IA) e a Ação Climática representam duas frentes críticas na batalha global pela sustentabilidade e pela gestão ambiental. A convergência destes domínios oferece um potencial sem precedentes para abordar eficazmente as alterações climáticas. No entanto, apresenta também uma miríade de desafios que têm de ser ultrapassados. Neste debate, vamos explorar os principais desafios e oportunidades na intersecção da IA e da ação climática.

Desafios

Disponibilidade e qualidade dos dados: Um dos principais desafios na utilização da IA para a ação climática é a disponibilidade e a qualidade dos dados. Os dados climáticos, incluindo registos históricos, imagens de satélite e dados de sensores, são frequentemente fragmentados, incompletos ou de qualidade variável. Além disso, os dados de determinadas regiões ou ecossistemas podem ser escassos, dificultando o desenvolvimento de modelos de IA exactos.

Enviesamento e equidade dos dados: Outro desafio é o potencial de enviesamento dos conjuntos de dados utilizados para treinar modelos de IA. Os enviesamentos nos dados podem levar a resultados distorcidos e perpetuar as desigualdades existentes, particularmente no que diz respeito às comunidades vulneráveis desproporcionadamente afectadas pelas alterações climáticas. Para que os resultados sejam éticos e eficazes, é fundamental resolver o problema do enviesamento dos dados e garantir a equidade nas aplicações de IA para a ação climática.

Incerteza e interpretabilidade do modelo: Os modelos de IA utilizados na previsão climática e na avaliação do impacte apresentam frequentemente uma incerteza inerente. Compreender e quantificar esta incerteza é essencial para a tomada de decisões e a formulação de políticas. Além disso, garantir a interpretabilidade dos modelos de IA é crucial para criar confiança e responsabilidade, especialmente em domínios com implicações socioeconómicas significativas.

Recursos computacionais e escalabilidade: Os algoritmos de IA, nomeadamente os baseados na aprendizagem profunda, exigem recursos computacionais substanciais para a formação e a inferência. O escalonamento de soluções de IA para modelação e análise climática em grande escala coloca desafios significativos, tanto em termos de infra-estruturas computacionais como de consumo de energia. A resposta a estes desafios exige abordagens inovadoras para otimizar os algoritmos e tirar partido dos recursos de computação distribuída de forma eficaz.

Quadros éticos e de governação: As implicações éticas da IA na ação climática levantam questões complexas em matéria de responsabilidade, prestação de contas e governação. É fundamental garantir que as tecnologias de IA sejam desenvolvidas e implantadas de acordo com os princípios éticos e os direitos humanos. O estabelecimento de quadros de governação robustos e de mecanismos reguladores para supervisionar as aplicações da IA na ação climática é essencial para mitigar os riscos potenciais e maximizar os benefícios sociais.

Oportunidades

Modelação e previsão climáticas melhoradas: A IA oferece capacidades sem precedentes para melhorar a modelação e a previsão do clima, permitindo previsões mais exactas de fenómenos meteorológicos extremos, da subida do nível do mar e das alterações dos ecossistemas. Os algoritmos avançados de IA podem analisar grandes quantidades de dados climáticos, identificar padrões complexos e gerar conhecimentos accionáveis para apoiar estratégias adaptativas e esforços de construção de resiliência.

Gestão sustentável dos recursos: Os sistemas alimentados por IA podem otimizar a utilização de recursos e aumentar a eficiência em vários sectores, incluindo energia, agricultura, transportes e gestão da água. As redes inteligentes, a agricultura de precisão e os sistemas de transporte inteligentes tiram partido da IA para minimizar o impacto ambiental, reduzir as emissões e promover práticas de gestão sustentável dos recursos.

Financiamento e investimento no domínio do clima: As ferramentas analíticas e de apoio à decisão baseadas em IA podem facilitar o financiamento e o investimento no domínio do clima, fornecendo informações sobre os riscos e oportunidades relacionados com o clima. Desde a fixação de preços do carbono e o comércio de emissões até às obrigações verdes e às carteiras de investimento sustentáveis, as tecnologias de IA permitem uma tomada de decisões mais informada e a atribuição de recursos financeiros a projectos de atenuação e adaptação às alterações climáticas.

Envolvimento e capacitação da comunidade: A IA tem o potencial de capacitar as comunidades e os indivíduos para participarem ativamente nos esforços de ação climática. As iniciativas de ciência cidadã, a recolha de dados por crowdsourcing e os programas de monitorização baseados na comunidade alavancam as tecnologias de IA para democratizar o acesso à informação ambiental e promover a participação das bases em actividades de construção de resiliência climática.

Inovação política e governação adaptativa: A IA pode apoiar a inovação política e os mecanismos de governação adaptativa para enfrentar eficazmente os desafios climáticos em evolução. A análise preditiva, a modelação de cenários e os sistemas de apoio à decisão permitem aos decisores políticos antecipar tendências futuras, avaliar os impactes das políticas e conceber intervenções baseadas em provas. Ao integrar a IA nos processos de elaboração de políticas, os governos podem aumentar a agilidade, a capacidade de resposta e a eficácia na abordagem dos riscos e oportunidades relacionados com o clima.

A intersecção da IA e da ação climática apresenta desafios e oportunidades que exigem uma análise cuidadosa e um envolvimento proactivo. Ao abordar a disponibilidade e o enviesamento dos dados, melhorando a interpretabilidade e a escalabilidade dos modelos e estabelecendo quadros éticos e de governação, podemos aproveitar todo o potencial da IA para acelerar a ação climática e alcançar os objectivos de desenvolvimento sustentável. Abraçar a IA como uma ferramenta poderosa para a resiliência e mitigação do clima oferece esperança para um futuro mais sustentável e resiliente para as gerações vindouras.

CAPÍTULO 2

Tirar partido da IA para a monitorização e previsão do clima

Introdução

As alterações climáticas constituem um dos desafios mais prementes do nosso tempo, afectando os ecossistemas, as economias e as sociedades humanas em todo o mundo. Para responder a este desafio, é necessário um conhecimento profundo dos sistemas climáticos complexos e a capacidade de prever com exatidão os padrões climáticos futuros. Nos últimos anos, a Inteligência Artificial (IA) surgiu como uma ferramenta poderosa para analisar grandes quantidades de dados climáticos e melhorar os modelos de previsão climática. Este ensaio explora o papel da IA na análise de dados climáticos e na previsão de padrões climáticos, destacando o seu significado, aplicações e potencial para o avanço da ciência climática.

Compreender os dados climáticos: Os dados climáticos abrangem um vasto leque de variáveis, incluindo a temperatura, a precipitação, a composição atmosférica, as correntes oceânicas, entre outras. Estes dados são recolhidos a partir de várias fontes, como satélites, estações meteorológicas, bóias oceânicas e modelos climáticos. No entanto, o grande volume e a complexidade dos dados climáticos colocam desafios significativos aos métodos de análise tradicionais. A IA oferece uma solução promissora ao permitir o processamento automático, o reconhecimento de padrões e a modelação preditiva em conjuntos de dados de grande escala.

Análise de dados com IA: Um dos principais pontos fortes da IA na ciência do clima reside na sua capacidade de descobrir padrões e relações ocultos em conjuntos de dados complexos. Os algoritmos de aprendizagem automática, em particular, são excelentes na identificação de dependências não lineares e na captação de variações subtis nas variáveis climáticas. Por exemplo, as redes neuronais podem aprender a detetar correlações entre as temperaturas da superfície do mar e os padrões de pressão atmosférica, o que conduz a previsões mais precisas de fenómenos meteorológicos como furacões e monções. Além disso, as técnicas de IA, como o agrupamento e a classificação, permitem aos investigadores categorizar os dados climáticos em padrões ou regimes distintos. Isto ajuda a identificar regimes climáticos regionais, como os fenómenos El Niño ou La Niña, e a compreender o seu impacto nos padrões meteorológicos globais. Ao analisar dados climáticos históricos com IA, os cientistas podem obter informações sobre os factores subjacentes à variabilidade climática e melhorar a sua compreensão das tendências climáticas a longo prazo.

Modelação Preditiva: A modelação preditiva impulsionada pela IA revolucionou a previsão climática ao melhorar a precisão e a fiabilidade dos modelos climáticos. Os modelos climáticos tradicionais baseiam-se em equações físicas e simplificações de processos complexos, que podem conduzir a incertezas e imprecisões nas projecções a longo prazo. Em contrapartida, os modelos baseados em IA podem aprender diretamente a partir de dados observacionais, captando relações complexas entre diferentes variáveis climáticas. Por exemplo, os investigadores desenvolveram modelos de aprendizagem profunda que prevêem cenários climáticos futuros com base em dados históricos e trajectórias de emissões de gases com efeito de estufa. Estes modelos podem simular os impactos de várias estratégias de atenuação e ajudar os decisores políticos a tomar decisões informadas para atenuar as alterações climáticas. Além disso, as técnicas de IA, como a aprendizagem em conjunto, permitem a integração de vários modelos climáticos, melhorando a robustez das previsões e reduzindo as incertezas.

Aplicações da IA na previsão climática: A IA está a ser aplicada em vários domínios da ciência do clima para melhorar as capacidades de previsão e informar as estratégias de adaptação ao clima. Na previsão meteorológica, os algoritmos de IA são utilizados para analisar dados meteorológicos em tempo real e gerar previsões a curto prazo com maior precisão. Por exemplo, o sistema Deep Thunder da IBM utiliza a IA para prever padrões meteorológicos localizados e otimizar o consumo de energia em áreas urbanas. Para além da previsão meteorológica, a IA tem-se mostrado promissora na previsão de tendências climáticas a longo prazo e de eventos extremos, como ondas de calor, secas e inundações. Ao analisar dados climáticos históricos e ao identificar os principais indicadores destes eventos, os modelos de IA podem fornecer avisos precoces e apoiar medidas proactivas para atenuar os seus impactos. Por exemplo, a Iniciativa de Previsão de Cheias da Google utiliza a IA para prever os riscos de cheias em regiões vulneráveis e melhorar a preparação para catástrofes.

Desafios e direcções futuras: Apesar do seu potencial, a adoção generalizada da IA nas ciências climáticas enfrenta vários desafios, incluindo a disponibilidade de dados, a interpretabilidade dos modelos e os recursos computacionais. A resposta a estes desafios exige uma colaboração interdisciplinar entre cientistas do clima, cientistas de dados e decisores políticos. Além disso, considerações éticas como o enviesamento algorítmico e as preocupações com a privacidade devem ser cuidadosamente abordadas para garantir o desenvolvimento e a aplicação responsáveis da IA na previsão climática. Olhando para o futuro, as futuras direcções da investigação em IA para a previsão climática incluem o desenvolvimento de modelos híbridos que integrem princípios físicos com técnicas de aprendizagem automática. Combinando os pontos fortes de ambas as abordagens, os modelos híbridos podem melhorar a precisão e a interpretabilidade das previsões climáticas, tendo em conta as interacções complexas no sistema terrestre. Além disso, os avanços na tecnologia computacional e nas infra-estruturas de dados permitirão que algoritmos de IA mais sofisticados lidem com conjuntos de dados climáticos cada vez maiores e mais diversificados.

A IA é muito promissora para fazer avançar a nossa compreensão dos sistemas climáticos e melhorar a exatidão das previsões climáticas. Ao analisar grandes quantidades de dados climáticos e ao identificar padrões subtis, os algoritmos de IA podem melhorar a nossa capacidade de prever fenómenos meteorológicos, prever tendências climáticas a longo prazo e atenuar os impactos das alterações climáticas. No entanto, a realização de todo o potencial da IA na ciência climática exige esforços de colaboração entre disciplinas e uma cuidadosa consideração dos desafios éticos e técnicos. Com investigação e inovação contínuas, a IA tem o potencial de revolucionar a previsão climática e apoiar os esforços de desenvolvimento sustentável em todo o mundo.

Aproveitamento da inteligência artificial para a monitorização ambiental e a adaptação às alterações climáticas

O ritmo acelerado das alterações climáticas e os seus impactos no ambiente levaram à necessidade urgente de estratégias eficazes de monitorização e adaptação. Neste contexto, a integração de tecnologias de inteligência artificial (IA) surgiu como uma abordagem promissora para melhorar a monitorização ambiental e abordar questões críticas como a desflorestação, o aumento da temperatura e as alterações do nível do mar. Este capítulo explora as aplicações da IA na monitorização das alterações ambientais e o seu papel no avanço da nossa compreensão da dinâmica das alterações climáticas.

IA na monitorização da desflorestação: A desflorestação, impulsionada principalmente por actividades humanas como a exploração madeireira, a agricultura e a urbanização, representa uma ameaça significativa à biodiversidade global e à estabilidade dos ecossistemas. Os métodos tradicionais de monitorização da desflorestação, que se baseiam em imagens de satélite e na análise manual, sofrem frequentemente de limitações em termos de escala, precisão e atualidade. A IA oferece uma solução transformadora ao permitir a análise automatizada de grandes quantidades de dados de satélite com uma velocidade e precisão sem precedentes. Uma aplicação notável da IA na monitorização da desflorestação é a utilização de algoritmos de aprendizagem automática para detetar e classificar alterações no coberto florestal. Estes algoritmos podem analisar imagens de satélite para identificar áreas de desflorestação quase em tempo real, permitindo uma intervenção atempada e esforços de conservação. Por exemplo, o Global Forest Watch, uma plataforma desenvolvida pelo World Resources Institute, utiliza algoritmos baseados em IA para monitorizar os padrões de desflorestação e fornecer informações úteis aos decisores políticos e às organizações de conservação.

Além disso, as técnicas de modelação preditiva alimentadas por IA podem prever tendências futuras de desflorestação com base em dados históricos e variáveis ambientais. Ao analisar factores como os padrões de utilização dos solos, os factores socioeconómicos e as condições ambientais, estes modelos podem ajudar a antecipar áreas com elevado risco de desflorestação e a dar prioridade aos esforços de conservação em conformidade.

IA na monitorização do aumento da temperatura: O aumento das temperaturas globais, atribuído principalmente às emissões de gases com efeito de estufa provenientes das actividades humanas, tem profundas implicações para os ecossistemas, a agricultura e a saúde humana. A monitorização das tendências de temperatura às escalas local, regional e global é essencial para compreender a dinâmica das alterações climáticas e desenvolver estratégias de adaptação eficazes. As tecnologias de IA oferecem soluções inovadoras para analisar dados de temperatura e detetar anomalias indicativas de impactos das alterações climáticas. Uma aplicação da IA na monitorização do aumento da temperatura é o desenvolvimento de modelos preditivos que aproveitam os dados históricos da temperatura e as variáveis climáticas para prever as tendências futuras da temperatura. Os algoritmos de aprendizagem automática podem identificar padrões e correlações complexos nos dados, permitindo projecções mais precisas a longo prazo do aumento e da variabilidade da temperatura.

Além disso, as técnicas de deteção remota baseadas em IA permitem a monitorização das temperaturas à superfície em diversas paisagens com elevada resolução espacial. Os sensores de infravermelhos térmicos a bordo dos satélites podem captar as variações de temperatura em zonas urbanas, terrenos agrícolas e ecossistemas naturais, fornecendo informações valiosas sobre as alterações de temperatura localizadas e os efeitos das ilhas de calor urbanas. Além disso, os modelos climáticos baseados em IA melhoram a nossa compreensão dos mecanismos que determinam as flutuações de temperatura e os fenómenos meteorológicos extremos. Estes modelos simulam interacções complexas entre a dinâmica atmosférica, as correntes oceânicas e os processos da superfície terrestre, permitindo aos investigadores investigar os impactos das alterações climáticas nos sistemas climáticos regionais e nos ecossistemas.

IA na monitorização das alterações do nível do mar: A subida do nível do mar, atribuída principalmente à expansão térmica da água do mar e ao degelo das calotas polares, representa uma ameaça significativa para as comunidades, infra-estruturas e ecossistemas costeiros. A monitorização exacta das alterações do nível do mar é crucial para avaliar a vulnerabilidade costeira e implementar medidas de adaptação. As tecnologias de IA oferecem soluções inovadoras para analisar dados de altimetria por satélite e modelar a dinâmica da subida do nível do mar. Uma aplicação da IA na monitorização das alterações do nível do mar é o desenvolvimento de algoritmos para o processamento de dados de altimetria por satélite e a extração de medições precisas da altura da superfície do mar. Estes algoritmos utilizam técnicas avançadas de processamento de sinais e algoritmos de aprendizagem automática para filtrar o ruído, corrigir a deriva orbital e estimar as anomalias do nível do mar com elevada precisão.

Além disso, os modelos baseados em IA podem integrar observações de satélite com dados oceanográficos e variáveis climáticas para simular a dinâmica da subida do nível do mar à escala global e regional. Estes modelos incorporam factores como os padrões de circulação oceânica, as taxas de fusão do gelo e as interacções gravitacionais para projetar as tendências e a variabilidade futuras do nível do mar. Além disso, a análise de imagens de satélite baseada em IA permite a deteção de erosão costeira, afundamento de terras e alterações na morfologia da linha costeira associadas à subida do nível do mar. Os algoritmos de aprendizagem automática podem identificar zonas costeiras vulneráveis e dar prioridade a estratégias de adaptação, como a alimentação das praias, as defesas costeiras e a retirada gerida.

As aplicações da IA na monitorização das alterações ambientais, incluindo a desflorestação, o aumento da temperatura e as alterações do nível do mar, são muito promissoras para melhorar a nossa compreensão da dinâmica das alterações climáticas e orientar estratégias de adaptação eficazes. Ao utilizar algoritmos avançados de aprendizagem automática, tecnologias de teledeteção e técnicas de modelação preditiva, a IA permite a análise automatizada de grandes quantidades de dados ambientais com uma velocidade, precisão e escalabilidade sem precedentes. No futuro, a inovação contínua na monitorização ambiental impulsionada pela IA será essencial para enfrentar os desafios colocados pelas alterações climáticas e construir comunidades e ecossistemas resilientes para as gerações futuras.

Estudos de caso: Iniciativas de monitorização do clima com recurso a IA

Estudo de caso 1: Google Earth Engine: Monitorização da desflorestação na floresta amazónica

Descrição: O Google Earth Engine é uma plataforma poderosa que combina imagens de satélite com algoritmos de IA para monitorizar as alterações ambientais. Na floresta amazónica, a desflorestação é um problema crítico que ameaça a biodiversidade e contribui para as alterações climáticas. O Google Earth Engine utiliza algoritmos de aprendizagem automática para analisar imagens de satélite e detetar a desflorestação quase em tempo real.

Impacto: Ao fornecer informações atempadas e precisas sobre a desflorestação, o Google Earth Engine ajuda os governos, as ONG e as comunidades locais a tomar medidas proactivas para proteger a floresta tropical. A plataforma tem sido fundamental para identificar actividades de exploração madeireira ilegal e orientar os esforços de conservação.

Exemplo: No Brasil, o Instituto de Pesquisa Ambiental da Amazónia (IPAM) estabeleceu uma parceria com o Google Earth Engine para desenvolver um sistema de monitorização da desflorestação. Esta colaboração permitiu que as autoridades identificassem os pontos críticos de desflorestação e aplicassem os regulamentos ambientais de forma mais eficaz.

Estudo de caso 2: Projeto Green Horizons da IBM: Melhorar a qualidade do ar em Pequim

Descrição: O projeto Green Horizons da IBM utiliza a IA e a análise de grandes volumes de dados para prever a qualidade do ar e desenvolver estratégias para a redução da poluição. Em Pequim, a poluição do ar é uma grande preocupação devido às actividades industriais e às emissões dos veículos. Os algoritmos de IA da IBM analisam várias fontes de dados, incluindo padrões climáticos, fluxo de tráfego e emissões industriais, para prever os níveis de poluição.

Impacto: Ao fornecer previsões precisas da qualidade do ar, o projeto Green Horizons da IBM permite que os decisores políticos implementem intervenções específicas para reduzir a poluição e proteger a saúde pública. O projeto ajudou as autoridades de Pequim a otimizar a gestão do tráfego, a ajustar os calendários de produção industrial e a melhorar as medidas de controlo das emissões.

Exemplo: Durante os Jogos Olímpicos de Pequim em 2008, a IBM colaborou com as autoridades locais para implementar a sua tecnologia Green Horizons para a previsão da qualidade do ar. O sistema previu com precisão os níveis de poluição e apoiou os processos de tomada de decisão para garantir a saúde e a segurança dos atletas e espectadores.

Estudo de caso 3: Climate FieldView da Climate Corporation: Agricultura de precisão para a resiliência climática

Descrição: A Climate FieldView é uma plataforma baseada em IA desenvolvida pela Climate Corporation, uma subsidiária da Bayer, que ajuda os agricultores a otimizar as práticas de gestão das culturas. Ao integrar dados meteorológicos, informações sobre o solo e imagens de satélite, o Climate FieldView fornece informações e recomendações personalizadas aos agricultores para aumentar a produtividade e a resiliência face às alterações climáticas.

Impacto: O Climate FieldView permite que os agricultores tomem decisões baseadas em dados sobre plantação, irrigação e gestão de pragas, o que leva a um aumento dos rendimentos e da eficiência dos recursos. A plataforma também facilita a adoção de práticas agrícolas sustentáveis, como a lavoura de conservação e as culturas de cobertura, para mitigar os impactos da variabilidade climática.

Exemplo: Nos Estados Unidos, os agricultores da região do Midwest utilizaram com sucesso o Climate FieldView para se adaptarem às condições climáticas em mudança, como a alteração dos padrões de precipitação e os fenómenos meteorológicos extremos. Ao tirar partido das informações baseadas em IA, estes agricultores melhoraram a resiliência das culturas e reduziram os impactes ambientais.

Estudo de caso 4: OceanMind: Combater a pesca ilegal com IA

Descrição: A OceanMind é uma organização sem fins lucrativos que utiliza a IA e a tecnologia de satélite para combater as actividades de pesca ilegal, não declarada e não regulamentada (IUU) em todo o mundo. A pesca IUU contribui para a sobrepesca e a degradação do ecossistema, exacerbando os efeitos das alterações climáticas na biodiversidade marinha. Os algoritmos de IA da OceanMind analisam dados de localização de embarcações e imagens de satélite para detetar comportamentos de pesca suspeitos.

Impacto: Ao monitorizar as actividades de pesca em tempo real e ao fornecer informações práticas às autoridades, a OceanMind ajuda a prevenir a pesca ilegal e a promover a gestão sustentável das pescas. A organização colabora com governos, agências de pesca e grupos de conservação para fazer cumprir os regulamentos e proteger os ecossistemas marinhos.

Exemplo: Nas águas da Indonésia, a OceanMind estabeleceu uma parceria com as autoridades locais para identificar e intercetar embarcações de pesca ilegais utilizando sistemas de vigilância alimentados por IA. Esta colaboração levou a reduções significativas na pesca IUU e a melhores resultados de conservação para espécies marinhas vulneráveis.

Estudo de caso 5: Sistema de monitorização do carbono da NASA: Monitorização das emissões de carbono a partir do espaço

Descrição: O Sistema de Monitorização do Carbono (CMS) da NASA é uma iniciativa de investigação que utiliza observações de satélite e técnicas de modelação para monitorizar as emissões de dióxido de carbono (CO2) e a absorção de fontes naturais e humanas. O CMS combina dados de deteção remota com algoritmos de IA para quantificar os fluxos de carbono às escalas regional e global, fornecendo informações valiosas sobre o ciclo do carbono e o seu impacto nas alterações climáticas.

Impacto: Ao medir com exatidão as emissões e sumidouros de carbono, o CMS da NASA contribui para a nossa compreensão do orçamento de carbono da Terra e ajuda a informar as estratégias de mitigação do clima. O sistema fornece dados valiosos aos decisores políticos, cientistas e partes interessadas que trabalham para reduzir as emissões de gases com efeito de estufa e alcançar a neutralidade do carbono.

Exemplo: Através do programa CMS, a NASA realizou estudos sobre a dinâmica do carbono em vários ecossistemas, incluindo florestas, zonas húmidas e áreas urbanas. Estes estudos destacaram o papel da mudança de uso da terra, desflorestação e combustão de combustíveis fósseis na condução das emissões de CO2, informando as decisões de política climática a nível nacional e internacional.

Estudo de caso 6: O programa AI for Earth: Promover a conservação ambiental

Descrição: O programa AI for Earth, lançado pela Microsoft, fornece subsídios e recursos a investigadores, conservacionistas e organizações que utilizam a IA para enfrentar os desafios ambientais. O programa apoia projectos centrados na conservação da biodiversidade, restauração de ecossistemas e adaptação climática, tirando partido de ferramentas e técnicas de IA para analisar dados ambientais complexos.

Impacto: AI for Earth capacita cientistas e profissionais a desenvolver soluções inovadoras para a conservação ambiental e a resiliência climática. Ao promover a colaboração e a inovação nas comunidades ambientais e de

IA, o programa acelera o progresso no sentido de alcançar objectivos de sustentabilidade e proteger o planeta para as gerações futuras.

Exemplo: Um projeto notável apoiado pela AI for Earth é o Wildbook, uma plataforma alimentada por IA para a monitorização e conservação da vida selvagem. Desenvolvido pela organização Wild Me, o Wildbook utiliza algoritmos de visão computacional para identificar animais individuais a partir de fotografias e vídeos, permitindo aos investigadores seguir as tendências populacionais, monitorizar a perda de habitat e combater o tráfico de animais selvagens.

Potenciais benefícios e limitações da utilização da IA na previsão climática

Na tentativa de combater as alterações climáticas, a integração da IA nos processos de previsão climática surgiu como uma via promissora. Este ensaio tem por objetivo analisar os potenciais benefícios e limitações da utilização da IA na previsão climática. Ao explorar estes aspectos, podemos obter uma visão mais profunda do papel que a IA desempenha na melhoria da nossa compreensão da dinâmica climática e na informação de medidas proactivas de mitigação e adaptação.

Potenciais benefícios da IA na previsão climática

Maior exatidão e precisão: Os algoritmos de IA são excelentes no processamento de grandes quantidades de dados complexos, conduzindo a previsões climáticas mais exactas e precisas. As técnicas de aprendizagem automática, como as redes neuronais e a aprendizagem profunda, podem identificar padrões subtis nos dados climáticos que podem escapar aos modelos estatísticos tradicionais. Esta precisão acrescida permite que os decisores políticos e as partes interessadas tomem decisões informadas com base em previsões fiáveis.

Melhor compreensão da dinâmica climática: Os modelos climáticos baseados em IA têm o potencial de desvendar relações intrincadas no sistema climático da Terra. Ao analisar conjuntos de dados multidimensionais que englobam variáveis atmosféricas, oceânicas e terrestres, a IA pode discernir padrões subjacentes e ciclos de feedback. Esta compreensão mais profunda permite aos cientistas aperfeiçoar os modelos climáticos existentes e desenvolver projecções mais robustas de cenários climáticos futuros.

Processamento e análise rápidos de dados: Os modelos climáticos tradicionais debatem-se frequentemente com o enorme volume e complexidade dos dados de observação. Os algoritmos alimentados por IA, no entanto, são excelentes no processamento e análise de grandes conjuntos de dados a velocidades sem precedentes. Esta capacidade acelera o ritmo da investigação climática, facilitando a monitorização em tempo real das alterações ambientais e intervenções atempadas em resposta a tendências emergentes.

Sistemas de alerta precoce para fenómenos extremos: Os modelos de previsão baseados em IA têm o potencial de prever eventos climáticos extremos, como furacões, ondas de calor e secas, com maior precisão e antecedência. Ao utilizar algoritmos avançados de reconhecimento de padrões, a IA pode detetar precursores destes eventos em dados observacionais, permitindo que as autoridades emitam avisos precoces e implementem medidas proactivas para minimizar os potenciais impactos nas populações vulneráveis.

Projecções climáticas adaptadas à escala local: As técnicas de IA oferecem a flexibilidade para gerar projecções climáticas localizadas, adaptadas a regiões ou ecossistemas específicos. Ao incorporar dados de satélite de alta resolução, observações terrestres e factores socioeconómicos, os modelos de IA podem fornecer às partes interessadas informações detalhadas sobre os impactes localizados das alterações climáticas. Esta granularidade permite estratégias de adaptação direccionadas e a atribuição de recursos, assegurando uma resiliência climática eficaz ao nível da comunidade.

Limitações da IA na previsão climática

Qualidade e disponibilidade dos dados: A eficácia dos modelos de IA depende da qualidade e disponibilidade dos dados de entrada. Em muitas regiões, particularmente nos países em desenvolvimento, os conjuntos de dados observacionais escassos ou pouco fiáveis representam um desafio significativo para os esforços de previsão climática orientados para a IA. Os enviesamentos nos dados históricos, as lacunas na cobertura e as inconsistências nas metodologias de medição podem comprometer a exatidão e a fiabilidade das previsões geradas pela IA.

Incerteza e interpretabilidade do modelo: Os algoritmos de IA, em particular os modelos de aprendizagem profunda, são frequentemente criticados pela sua natureza de "caixa negra", em que o processo de tomada de decisão permanece opaco à interpretação humana. Embora estes modelos sejam excelentes em termos de exatidão das previsões, a sua incapacidade de fornecer explicações transparentes para as previsões limita a sua utilidade para informar as decisões políticas e criar confiança no público. Para enfrentar este desafio, são necessários esforços para melhorar a interpretabilidade e a explicabilidade dos modelos climáticos baseados em IA.

Problemas de sobreajuste e generalização: Os modelos de IA treinados em dados climáticos históricos podem apresentar tendências para o sobreajuste - ou seja, tornam-se demasiado especializados na captação de padrões específicos do conjunto de dados de treino, mas não conseguem generalizar bem para dados não vistos. Este fenómeno pode levar a imprecisões e enviesamentos nas previsões climáticas, particularmente em regiões ou cenários não adequadamente representados nos dados de treino. A mitigação do sobreajuste requer técnicas de validação robustas e a incorporação de diversos conjuntos de dados para melhorar a generalização do modelo.

Complexidade computacional e intensidade de recursos: A implementação de modelos climáticos baseados em IA implica recursos e conhecimentos computacionais significativos, que podem ser proibitivos para regiões ou instituições com recursos limitados. As infra-estruturas de computação de alto desempenho, o software especializado e o pessoal qualificado são componentes essenciais das iniciativas de previsão climática baseadas em IA, o que coloca desafios à adoção generalizada e à escalabilidade. Para colmatar esta lacuna, é necessário investir em programas de capacitação e transferência de tecnologia para capacitar as partes interessadas no aproveitamento da IA para a resiliência climática.

Implicações éticas e sociopolíticas: A integração da IA nos processos de previsão climática suscita preocupações éticas e sociopolíticas relacionadas com a privacidade dos dados, o enviesamento algorítmico e a responsabilidade pela tomada de decisões. A dependência de algoritmos proprietários e de plataformas comerciais pode exacerbar as disparidades no acesso à informação climática e às ferramentas de apoio à decisão. Além disso, a utilização de previsões baseadas em IA para orientar intervenções políticas acarreta riscos inerentes de consequências não intencionais e dilemas éticos. A proteção contra estes riscos exige quadros de governação transparentes, o envolvimento das partes interessadas e a adesão a princípios éticos no desenvolvimento e implantação da IA.

A utilização da IA é muito promissora para melhorar as capacidades de previsão climática e apoiar a tomada de decisões baseadas em factos face às alterações climáticas. No entanto, a concretização deste potencial exige uma compreensão diferenciada dos benefícios e limitações inerentes às abordagens baseadas na IA. Ao abordar os desafios relacionados com a qualidade dos dados, a interpretabilidade dos modelos, a generalização, as restrições de recursos e as considerações éticas, podemos aproveitar o poder transformador da IA para promover a resiliência climática e o desenvolvimento sustentável à escala global.

CAPÍTULO 3

Soluções de IA para atenuar as alterações climáticas

Introdução

Na luta global contra as alterações climáticas, a redução das emissões de gases com efeito de estufa é um desafio fundamental. A necessidade urgente de soluções inovadoras levou à exploração da IA como uma ferramenta poderosa na mitigação das emissões em vários sectores. Este ensaio analisa a forma como as tecnologias de IA podem contribuir para a redução das emissões de gases com efeito de estufa, oferecendo uma perspetiva das suas aplicações, benefícios e potenciais desafios.

Otimização energética baseada em IA: Um dos principais factores que contribuem para as emissões de gases com efeito de estufa é a utilização ineficiente dos recursos energéticos. Os algoritmos de IA, em particular as técnicas de aprendizagem automática, podem otimizar os padrões de consumo de energia em indústrias, edifícios e sistemas de transporte. Através da análise de dados e da modelação preditiva, os sistemas de IA podem identificar oportunidades de melhoria da eficiência energética, conduzindo a uma redução das emissões. Por exemplo, as redes inteligentes alimentadas por IA podem ajustar dinamicamente a distribuição de energia com base nos padrões de procura, minimizando o desperdício e a dependência de combustíveis fósseis.

Integração das energias renováveis: A transição para fontes de energia renováveis é crucial para descarbonizar a economia. As tecnologias de IA desempenham um papel vital na otimização da integração das energias renováveis na rede eléctrica. Os algoritmos de IA podem prever a produção de energia renovável a partir de fontes como a solar e a eólica, permitindo uma melhor gestão da rede e equilibrando a oferta com a procura. Além disso, os algoritmos de otimização orientados para a IA podem melhorar a eficiência dos sistemas de energias renováveis, como os painéis solares e as turbinas eólicas, reduzindo ainda mais as emissões associadas à produção de eletricidade.

Redução das emissões no sector dos transportes: O sector dos transportes contribui significativamente para as emissões de gases com efeito de estufa, principalmente através da combustão de combustíveis fósseis nos veículos. A IA oferece soluções inovadoras para reduzir as emissões nos transportes através de vários meios. Por exemplo, os sistemas de gestão de tráfego alimentados por IA podem otimizar o fluxo de tráfego, reduzindo o congestionamento e os tempos de inatividade, que contribuem para as emissões. Além disso, os algoritmos de IA podem facilitar a transição para veículos eléctricos e autónomos, melhorando a eficiência dos veículos e reduzindo a dependência dos combustíveis fósseis.

IA na agricultura e na utilização dos solos: As práticas agrícolas e de utilização dos solos também contribuem para as emissões de gases com efeito de estufa, principalmente através da desflorestação, da criação de gado e da utilização de fertilizantes. As tecnologias de IA podem ajudar a mitigar as emissões nestes sectores, optimizando as práticas agrícolas e a gestão dos solos. Por exemplo, as técnicas de agricultura de precisão baseadas em IA podem otimizar a aplicação de fertilizantes, minimizando as emissões de azoto e maximizando o rendimento das culturas. Da mesma forma, os sistemas de IA podem analisar imagens de satélite para monitorizar a desflorestação e as actividades de abate ilegal de árvores, permitindo intervenções atempadas para preservar as florestas e sequestrar carbono.

Eficiência energética dos edifícios: Os edifícios são responsáveis por uma parte significativa do consumo global de energia e das emissões de gases com efeito de estufa. Os sistemas de gestão de edifícios baseados em IA podem otimizar a utilização de energia em edifícios comerciais e residenciais, conduzindo a reduções substanciais das emissões. Estes sistemas utilizam sensores, dispositivos IoT e algoritmos de IA para monitorizar os padrões de utilização de energia, identificar ineficiências e automatizar acções de poupança de energia, como o ajuste dos sistemas de iluminação, aquecimento e arrefecimento. Ao otimizar a eficiência energética dos edifícios, a IA contribui para reduzir as emissões associadas aos sistemas de aquecimento, ventilação e ar condicionado (AVAC).

Desafios e considerações: Embora a IA tenha um enorme potencial para reduzir as emissões de gases com efeito de estufa, há que ter em conta vários desafios e considerações. Em primeiro lugar, a implantação de tecnologias de IA exige infra-estruturas de dados e recursos computacionais significativos, o que pode constituir um obstáculo, sobretudo nos países em desenvolvimento. Além disso, existem preocupações quanto à pegada ambiental da própria IA, incluindo o consumo de energia dos processos de formação e inferência da IA. Garantir o desenvolvimento responsável e sustentável das tecnologias de IA é essencial para maximizar os seus benefícios, minimizando simultaneamente os impactos ambientais adversos.

Aproveitamento da IA para a energia sustentável: Otimização, integração e redução de emissões

A Inteligência Artificial (IA) oferece soluções promissoras para otimizar a utilização da energia, integrar fontes de energia renováveis e reduzir as emissões. Este capítulo explora a forma como as inovações impulsionadas pela IA estão a remodelar o panorama energético para enfrentar os desafios das alterações climáticas.

Otimização energética com IA

A otimização energética envolve a maximização da eficiência energética e a minimização do desperdício em vários sectores. As tecnologias de IA, como os algoritmos de aprendizagem automática e a análise preditiva, desempenham um papel crucial na otimização do consumo de energia. Estas soluções analisam grandes quantidades de dados para identificar padrões, prever as necessidades energéticas e otimizar as operações em tempo real.

Gestão de redes inteligentes: As redes inteligentes alimentadas por IA optimizam a distribuição de eletricidade, prevendo a procura, gerindo as flutuações de fornecimento e equilibrando as cargas. Ao integrar dados de sensores, previsões meteorológicas e comportamento dos consumidores, as redes inteligentes aumentam a eficiência e a fiabilidade, reduzindo simultaneamente os custos e as emissões.

Automação industrial: A automação orientada por IA nas indústrias optimiza os processos que consomem muita energia, como o fabrico e a produção. Os algoritmos de aprendizagem automática identificam oportunidades de poupança de energia, optimizam a utilização do equipamento e programam operações para minimizar o consumo de energia sem comprometer a produtividade.

Integração das energias renováveis

A integração de fontes de energia renováveis, como a energia solar e eólica, nos sistemas energéticos existentes é essencial para reduzir a dependência dos combustíveis fósseis e atenuar as alterações climáticas. As tecnologias de IA facilitam a integração eficiente das energias renováveis, respondendo a desafios como a intermitência, a variabilidade e a estabilidade da rede.

Previsão e programação: Os algoritmos de IA melhoram a precisão da previsão de energias renováveis através da análise de dados meteorológicos, padrões históricos e dinâmica do sistema. Ao prever antecipadamente a produção de energia renovável, os serviços públicos podem otimizar as operações da rede, programar a manutenção e equilibrar eficazmente a oferta e a procura.

Otimização da rede: As soluções de otimização da rede baseadas em IA ajustam dinamicamente as operações da rede para acomodar as flutuações na produção de energia renovável. Estas soluções gerem sistemas de armazenamento de energia, programas de resposta à procura e infra-estruturas de rede para garantir estabilidade e fiabilidade, maximizando a utilização de energias renováveis.

Estratégias de redução das emissões

A IA permite estratégias inovadoras para reduzir as emissões em todos os sectores, incluindo os transportes, a indústria e a agricultura. Ao otimizar os processos, melhorar a eficiência e promover práticas sustentáveis, as soluções baseadas em IA contribuem para os esforços de redução das emissões e para as estratégias de mitigação do clima.

Otimização dos transportes: Os sistemas de transporte alimentados por IA optimizam as rotas, reduzem o congestionamento e melhoram a eficiência do combustível, reduzindo assim as emissões dos veículos e das frotas. Os dados de tráfego em tempo real, a análise preditiva e as tecnologias autónomas permitem uma gestão mais inteligente dos transportes e a redução das emissões.

Captura e armazenamento de carbono (CCS): A IA melhora a eficiência e a eficácia das tecnologias CCS, optimizando os processos de captura, identificando locais de armazenamento adequados e monitorizando as emissões de CO2. Os algoritmos de aprendizagem automática analisam dados geológicos, simulam condições subterrâneas e prevêem a capacidade de armazenamento de CO2 para apoiar a implantação da CAC.

A Inteligência Artificial tem um enorme potencial para transformar o sector da energia e impulsionar o desenvolvimento sustentável. Ao otimizar a utilização da energia, integrar fontes renováveis e reduzir as emissões, as soluções baseadas na IA contribuem para a realização dos objectivos climáticos e para a transição para uma economia com baixas emissões de carbono. No entanto, a concretização deste potencial exige a colaboração entre as partes interessadas, o investimento em investigação e desenvolvimento e um compromisso com a inovação responsável. Através da inovação contínua e da adoção de tecnologias de IA, podemos acelerar a transição para um futuro energético sustentável e atenuar os impactos das alterações climáticas à escala global.

Estudos de casos: Aplicações de IA nos transportes, na agricultura e no planeamento urbano

Estudo de caso 1: Sistema inteligente de gestão de tráfego em Barcelona

Em Barcelona, Espanha, as autoridades de transportes da cidade implementaram um sistema de gestão de tráfego inteligente alimentado por inteligência artificial para mitigar o congestionamento do tráfego e reduzir as emissões de carbono. O sistema utiliza uma rede de sensores, câmaras e algoritmos de IA para monitorizar o fluxo de tráfego em tempo real e otimizar a temporização dos sinais nos cruzamentos. Ao analisar os dados recolhidos de várias fontes, incluindo câmaras de trânsito, dispositivos GPS em veículos e sinais de telemóveis, os algoritmos de IA podem prever padrões de tráfego e ajustar os sinais de trânsito em conformidade. Por exemplo, durante as horas de ponta, o sistema pode dar prioridade aos veículos de transporte público e implementar um controlo adaptativo dos sinais de trânsito para minimizar os tempos de espera e reduzir o ralenti.

Os resultados foram impressionantes, com reduções significativas do congestionamento do tráfego, dos tempos de deslocação e das emissões de gases com efeito de estufa. Ao otimizar o fluxo de tráfego, a cidade também melhorou a qualidade do ar e melhorou a habitabilidade geral das áreas urbanas.

Estudo de caso 2: Agricultura de precisão nos Países Baixos

Nos Países Baixos, onde a agricultura contribui de forma significativa para as emissões de gases com efeito de estufa, os agricultores estão a recorrer a técnicas de agricultura de precisão alimentadas por inteligência artificial para melhorar a eficiência e reduzir o impacto ambiental. Utilizando algoritmos de IA e imagens de satélite, os agricultores podem monitorizar a saúde das culturas, os níveis de humidade do solo e as infestações de pragas com uma precisão sem precedentes. Isto permite-lhes otimizar a irrigação, a utilização de fertilizantes e a aplicação de pesticidas, resultando em maiores rendimentos e menor impacto ambiental.

Ao implementar técnicas de agricultura de precisão, os agricultores dos Países Baixos conseguiram reduzir o consumo de água, o escoamento de fertilizantes e a utilização de pesticidas, o que levou a reduções significativas das emissões de gases com efeito de estufa associadas às práticas agrícolas convencionais.

Estudo de caso 3: Mitigação da ilha de calor urbana em Singapura

Singapura, conhecida pelo seu ambiente urbano denso e clima tropical, enfrenta desafios relacionados com as ilhas de calor urbanas, onde as áreas urbanas registam temperaturas mais elevadas do que as áreas rurais circundantes devido a actividades humanas e infra-estruturas. Para atenuar o efeito das ilhas de calor urbanas, o governo de Singapura implementou um sistema de planeamento urbano alimentado por IA que analisa dados sobre a utilização dos solos, materiais de construção, cobertura vegetal e padrões meteorológicos para otimizar a conceção urbana e reduzir a retenção de calor.

Ao incorporar estrategicamente espaços verdes, superfícies reflectoras e corredores de ventilação natural no planeamento urbano, o sistema de IA pode minimizar a acumulação de calor e aumentar o conforto térmico dos residentes. Além disso, o sistema identifica áreas propensas ao stress térmico e dá prioridade a intervenções como a plantação de árvores e a instalação de telhados frios. A abordagem de planeamento urbano orientada para a IA ajudou Singapura a atenuar o efeito de ilha de calor urbana, a melhorar a qualidade do ar e a criar ambientes urbanos mais resilientes e sustentáveis.

Estudo de caso 4: Otimização da frota de veículos eléctricos em Los Angeles

Em Los Angeles, na Califórnia, um dos maiores contribuintes para as emissões de gases com efeito de estufa é o transporte, particularmente de veículos movidos a gasolina. Para enfrentar este desafio, o departamento de transportes da cidade estabeleceu uma parceria com especialistas em IA para otimizar a implementação de frotas de veículos eléctricos (VE) para transportes públicos e serviços municipais. Utilizando algoritmos de IA e dados em tempo real sobre padrões de tráfego, procura de passageiros e disponibilidade de infra-estruturas de carregamento, a cidade pode otimizar rotas, horários e localizações de estações de carregamento para frotas de VE. Isto garante um funcionamento eficiente, maximiza a utilização dos veículos e minimiza a ansiedade de autonomia dos condutores de VE.

Ao fazer a transição para veículos eléctricos e otimizar a sua utilização com IA, Los Angeles reduziu significativamente as emissões de gases com efeito de estufa provenientes dos transportes, melhorou a qualidade do ar e abriu caminho para um sistema de mobilidade urbana mais sustentável.

Estudo de caso 5: Planeamento urbano neutro em termos de carbono em Estocolmo

Estocolmo, na Suécia, está empenhada em tornar-se neutra em termos de emissões de carbono até 2040 e adoptou estratégias inovadoras de planeamento urbano alimentadas por inteligência artificial para atingir este objetivo. As autoridades de planeamento da cidade utilizam algoritmos de IA para analisar dados sobre o consumo de energia, os padrões de transporte, as emissões dos edifícios e o potencial de energias renováveis para informar as decisões de utilização dos solos e os investimentos em infra-estruturas. Ao integrar a IA nos processos de planeamento da cidade, Estocolmo pode identificar oportunidades para reduzir o consumo de energia, promover opções de transporte sustentáveis e aumentar a produção de energia renovável. Por exemplo, o sistema de IA pode recomendar o desenvolvimento de bairros de utilização mista com ligações eficientes de transportes públicos, microrredes de energias renováveis e espaços verdes para promover os transportes activos e melhorar a qualidade do ar.

Através da sua abordagem ao planeamento urbano orientada para a IA, Estocolmo está a fazer progressos significativos no sentido do seu objetivo de neutralidade de carbono, criando simultaneamente comunidades vibrantes e habitáveis para os seus residentes.

Estudo de caso 6: Previsão e gestão de inundações em Tóquio

Tóquio, no Japão, é propensa a inundações frequentes, exacerbadas pelas alterações climáticas e pela rápida urbanização. Para melhorar a resiliência às inundações e atenuar os impactos de fenómenos meteorológicos extremos, a cidade implementou um sistema de previsão e gestão de inundações baseado em IA. Utilizando algoritmos de IA treinados em dados meteorológicos históricos, níveis dos rios, mapas topográficos e dados de infra-estruturas urbanas, o sistema pode prever com precisão os riscos de inundação e simular cenários potenciais para informar os planos de resposta a emergências e os investimentos em infra-estruturas.

Para além dos sistemas de alerta precoce, o sistema de IA também recomenda medidas adaptativas, tais como infra-estruturas verdes, barreiras contra inundações e lagoas de retenção de água, para mitigar os riscos de inundação e minimizar os danos em propriedades e infra-estruturas. Ao tirar partido da IA para a previsão e gestão das inundações, Tóquio aumentou a sua resiliência às alterações climáticas e aos fenómenos meteorológicos extremos, garantindo a segurança e o bem-estar dos seus residentes e minimizando as perdas económicas associadas às inundações.

Estes estudos de caso destacam as diversas formas em que a inteligência artificial está a ser aplicada nos transportes, na agricultura e no planeamento urbano para mitigar as alterações climáticas e construir comunidades mais sustentáveis e resilientes. Ao aproveitar o poder das tecnologias de IA, as cidades e comunidades de todo o mundo podem acelerar o progresso para alcançar o Objetivo 13 dos ODS e criar um futuro mais sustentável para todos.

Considerações éticas e riscos potenciais das estratégias de atenuação do clima baseadas na IA

Numa altura em que o mundo se debate com a urgência das alterações climáticas, a integração da IA nas estratégias de atenuação oferece soluções promissoras. No entanto, a par dos seus potenciais benefícios, há considerações e riscos éticos profundos que exigem uma análise cuidadosa. Este capítulo explora as dimensões éticas e os riscos potenciais associados às estratégias de atenuação do clima baseadas na IA.

Considerações éticas

Preconceito e equidade: Os algoritmos de IA são tão bons quanto os dados em que são treinados. Sem uma análise cuidadosa, esses algoritmos podem perpetuar preconceitos presentes nos dados, levando a resultados injustos. Por exemplo, se os sistemas de otimização de energia alimentados por IA favorecerem os bairros ricos em detrimento das comunidades marginalizadas, isso pode exacerbar as disparidades existentes no acesso aos recursos.

Transparência e responsabilidade: A complexidade dos sistemas de IA muitas vezes obscurece seus processos de tomada de decisão, levantando preocupações sobre transparência e responsabilidade. As partes interessadas, incluindo os decisores políticos e as comunidades afectadas, podem ter dificuldade em compreender ou contestar as decisões tomadas pelos algoritmos de IA. A falta de transparência pode minar a confiança e dificultar a governação eficaz das estratégias de mitigação orientadas para a IA.

Privacidade e segurança dos dados: A IA depende fortemente de grandes quantidades de dados, incluindo informações pessoais. A recolha e a utilização destes dados suscitam preocupações significativas em matéria de privacidade, sobretudo se não forem adequadamente protegidos. O acesso não autorizado ou a utilização incorrecta de dados sensíveis pode resultar em violações dos direitos de privacidade e em potenciais danos para os indivíduos.

Dependência tecnológica: Confiar demasiado em soluções baseadas na IA para a mitigação do clima pode criar uma dependência da tecnologia suscetível de comprometer os esforços de resiliência e adaptação. Se os sistemas de IA falharem ou não funcionarem corretamente, especialmente durante momentos críticos como os fenómenos meteorológicos extremos, isso poderá ter consequências catastróficas.

Riscos potenciais

Consequências imprevistas: A complexidade dos sistemas climáticos e da dinâmica social torna difícil prever todas as potenciais consequências das estratégias de mitigação baseadas na IA. A aplicação destas estratégias pode ter consequências indesejadas, como impactos ambientais imprevistos ou perturbações sociais, colocando riscos tanto para os ecossistemas como para o bem-estar humano.

Manipulação e utilização indevida: Os algoritmos de IA são susceptíveis de manipulação, quer por agentes maliciosos que procuram minar os esforços em prol do clima, quer por empresas que pretendem maximizar o lucro à custa da sustentabilidade ambiental. Além disso, a utilização da IA para fins como o greenwashing ou campanhas de marketing enganosas pode iludir o público e minar a confiança numa ação climática genuína.

Exacerbação da desigualdade: Se as estratégias de mitigação impulsionadas pela IA não forem implementadas tendo em mente a equidade, elas têm o potencial de exacerbar as desigualdades existentes. As comunidades marginalizadas, já desproporcionalmente afectadas pelas alterações climáticas, podem suportar o peso dos impactos negativos resultantes de sistemas de IA tendenciosos ou mal concebidos.

Perda da ação humana: medida que a IA se integra cada vez mais nos processos de tomada de decisões, existe o risco de diminuir a ação e a responsabilidade humanas. Os sistemas automatizados podem sobrepor-se ao julgamento humano ou limitar as oportunidades de participação pública e de tomada de decisões democráticas, minando os princípios da justiça ambiental e da ação colectiva.

As considerações éticas e os riscos potenciais associados às estratégias de mitigação do clima impulsionadas pela IA sublinham a importância de um desenvolvimento e implementação responsáveis destas tecnologias. Abordar os preconceitos, garantir a transparência e a responsabilidade, salvaguardar a privacidade e dar prioridade à equidade são passos essenciais para mitigar os riscos e maximizar o impacto positivo da IA na ação climática. À medida que navegamos na complexa intersecção da IA e das alterações climáticas, é imperativo dar prioridade aos princípios éticos e garantir que a tecnologia serve o objetivo coletivo de construir um futuro sustentável e equitativo para todos.

CAPÍTULO 4

Reforçar a resiliência climática através da IA

Introdução

As alterações climáticas estão a exacerbar a frequência e a intensidade das catástrofes naturais em todo o mundo, colocando desafios significativos às comunidades, economias e ecossistemas. As catástrofes relacionadas com o clima, como furacões, inundações, incêndios florestais e secas, têm impactos devastadores nas vidas humanas, nas infra-estruturas e no ambiente. Neste contexto, o recurso às tecnologias de IA constitui uma oportunidade promissora para aumentar a resiliência às catástrofes relacionadas com o clima. Este ensaio explora a forma como a IA pode desempenhar um papel crucial na preparação para catástrofes, nos sistemas de alerta precoce, na coordenação da resposta e nos esforços de recuperação, contribuindo, em última análise, para a construção de comunidades mais resilientes e para a atenuação dos efeitos adversos das alterações climáticas.

Sistemas de alerta precoce alimentados por IA: Um dos aspectos mais críticos da resiliência a catástrofes são os sistemas de alerta precoce que podem fornecer informações atempadas e precisas às comunidades em risco. As tecnologias de IA, como os algoritmos de aprendizagem automática, a análise de dados e a deteção remota, podem melhorar significativamente a eficácia dos sistemas de alerta precoce, analisando grandes quantidades de dados de várias fontes, incluindo imagens de satélite, sensores meteorológicos e plataformas de redes sociais. Por exemplo, os algoritmos de IA podem analisar dados meteorológicos históricos para prever a probabilidade e a gravidade de fenómenos meteorológicos extremos, permitindo às autoridades emitir avisos atempados e evacuar áreas vulneráveis antes da ocorrência de catástrofes. Além disso, os sistemas de alerta precoce alimentados por IA podem incorporar dados em tempo real das redes sociais e dos dispositivos móveis para avaliar a situação no terreno, identificar riscos emergentes e comunicar com as populações afectadas de forma mais eficaz.

Reforço da resposta e da coordenação em caso de catástrofe: No rescaldo de uma catástrofe relacionada com o clima, uma resposta e coordenação eficazes são essenciais para salvar vidas e minimizar os danos. As tecnologias de IA podem facilitar esforços de resposta rápidos e coordenados, optimizando a atribuição de recursos, dando prioridade a tarefas críticas e simplificando os canais de comunicação. Por exemplo, os drones com IA equipados com câmaras e sensores podem fazer o levantamento de áreas afectadas por catástrofes, avaliar os danos nas infra-estruturas e identificar áreas onde é necessária assistência imediata. Estes drones podem navegar autonomamente em ambientes perigosos, fornecendo dados em tempo real às equipas de emergência e orientando as operações de busca e salvamento. Além disso, os algoritmos de IA podem analisar feeds de redes sociais, relatórios de notícias e chamadas de emergência para identificar padrões, tendências e necessidades emergentes, permitindo que as autoridades adaptem as suas estratégias de resposta em conformidade.

Criação de resiliência e planeamento adaptativo: A criação de resiliência a catástrofes relacionadas com o clima requer medidas proactivas para reforçar as infra-estruturas, melhorar a preparação e promover o planeamento adaptativo. As tecnologias de IA podem apoiar os esforços de criação de resiliência, analisando conjuntos de dados complexos, identificando vulnerabilidades e optimizando estratégias de gestão de riscos. Por exemplo, as ferramentas de avaliação de risco alimentadas por IA podem avaliar a resiliência de infra-estruturas críticas, como redes eléctricas, redes de transportes e sistemas de abastecimento de água, a vários perigos relacionados com o clima. Com base nestas avaliações, os decisores podem dar prioridade aos investimentos, implementar intervenções direccionadas e desenvolver planos de contingência para mitigar os riscos e aumentar a resiliência. Além disso, os algoritmos de IA podem simular diferentes cenários, prever os impactos futuros das alterações climáticas e informar os processos de planeamento adaptativo, ajudando as comunidades a antecipar e a responder mais eficazmente à evolução das ameaças.

Envolvimento da comunidade e ciência cidadã: O envolvimento das comunidades nos esforços de preparação para catástrofes e de reforço da resiliência é crucial para garantir a eficácia e a sustentabilidade das intervenções. As tecnologias de IA podem capacitar os cidadãos para participarem na recolha de dados, na análise e nos processos de tomada de decisões, promovendo um sentido de propriedade e resiliência nas comunidades. Por exemplo, as aplicações móveis equipadas com algoritmos de IA podem recolher dados ambientais em grupo, monitorizar as condições meteorológicas locais e fornecer alertas de risco personalizados aos utilizadores. Ao aproveitar a inteligência colectiva dos cidadãos, as autoridades podem aumentar o conhecimento da situação, melhorar a coordenação da resposta e reforçar a resiliência da comunidade às catástrofes relacionadas com o clima. Além disso, os assistentes virtuais e os chatbots alimentados por IA podem facilitar a comunicação e a partilha de informações entre as autoridades e o público, permitindo um envolvimento mais eficiente e transparente durante as emergências.

Soluções baseadas em IA para a preparação para catástrofes, sistemas de alerta precoce e coordenação da resposta

As catástrofes, tanto naturais como provocadas pelo homem, constituem uma ameaça significativa para as comunidades de todo o mundo. Dos terramotos aos furacões, dos incêndios florestais às pandemias, a frequência e a intensidade das catástrofes estão a aumentar devido a factores como as alterações climáticas, o crescimento da população e a urbanização. Face a estes desafios, o recurso à IA surgiu como uma abordagem promissora para melhorar a preparação para catástrofes, os sistemas de alerta precoce e a coordenação da resposta. Este capítulo explora o papel das soluções baseadas em IA na abordagem destes aspectos críticos da gestão de catástrofes.

Preparação para catástrofes: A preparação eficaz para catástrofes envolve a antecipação de riscos potenciais, o desenvolvimento de planos de resposta e a construção de infra-estruturas e comunidades resilientes. A IA pode desempenhar um papel crucial no reforço da preparação, analisando grandes quantidades de dados para identificar vulnerabilidades, avaliar riscos e dar prioridade aos esforços de mitigação. Um exemplo de preparação orientada para a IA é a utilização de análises preditivas para prever o impacto das catástrofes naturais. Os algoritmos de aprendizagem automática podem analisar dados históricos sobre padrões meteorológicos, eventos geológicos e factores socioeconómicos para prever a probabilidade e a gravidade de futuras catástrofes. Ao fornecer alertas precoces e avaliações de risco, estes modelos de IA permitem às autoridades tomar medidas proactivas, como evacuações, atribuição de recursos e reforço de infra-estruturas.

Além disso, as simulações e as ferramentas de modelação baseadas em IA permitem aos planeadores simular vários cenários de catástrofe e avaliar a eficácia de diferentes estratégias de resposta. Estas simulações ajudam a identificar os pontos fracos dos planos existentes, a otimizar a atribuição de recursos e a formar as equipas de emergência para cenários reais.

Sistemas de alerta precoce: Os sistemas de alerta precoce são fundamentais para alertar as comunidades para ameaças iminentes e fornecer-lhes informações atempadas para que possam tomar as medidas adequadas. As tecnologias de IA melhoram os sistemas de alerta precoce ao permitirem a análise rápida de dados de várias fontes, incluindo imagens de satélite, sensores meteorológicos, redes sociais e dispositivos da Internet das coisas

(IoT). Por exemplo, os algoritmos de IA podem analisar imagens de satélite para detetar alterações nas condições ambientais que possam indicar o início de catástrofes naturais, como incêndios florestais, inundações ou deslizamentos de terras. Do mesmo modo, as ferramentas de monitorização dos meios de comunicação social alimentadas por IA podem analisar milhões de mensagens em tempo real para identificar ameaças emergentes, rumores ou pedidos de ajuda durante as crises.

Além disso, os modelos preditivos baseados em IA podem melhorar a precisão e a fiabilidade dos alertas precoces, aprendendo continuamente com novos dados e aperfeiçoando as suas previsões ao longo do tempo. Estes modelos podem também incorporar o feedback dos utilizadores e das partes interessadas para adaptar os avisos a áreas geográficas, línguas ou dados demográficos específicos, aumentando assim a sua eficácia e relevância.

Coordenação da resposta: A coordenação e a comunicação são essenciais durante os esforços de resposta a catástrofes para garantir a prestação atempada e eficiente de ajuda e apoio às comunidades afectadas. As tecnologias de IA facilitam a coordenação da resposta, permitindo a partilha de dados em tempo real, a atribuição de recursos e a tomada de decisões entre várias partes interessadas. Uma aplicação da IA na coordenação da resposta é a utilização de Veículos Aéreos Não Tripulados (UAV) ou drones equipados com câmaras e sensores alimentados por IA para avaliar os danos, realizar operações de busca e salvamento e entregar abastecimentos em zonas de difícil acesso ou perigosas. Estes drones podem rapidamente inspecionar grandes áreas, identificar sobreviventes ou perigos e fornecer um valioso conhecimento da situação às equipas de emergência.

Além disso, os chatbots e os assistentes virtuais baseados em IA podem simplificar a comunicação e a coordenação entre as equipas de resposta, as agências governamentais, as ONG e as populações afectadas. Estes chatbots podem responder a perguntas comuns, fornecer actualizações sobre a situação e ligar indivíduos a recursos ou assistência relevantes, reduzindo assim a carga sobre os operadores humanos e melhorando a eficiência da resposta. Além disso, os sistemas de logística e de gestão da cadeia de abastecimento alimentados por IA optimizam a distribuição de material de socorro, material médico e pessoal com base na procura em tempo real, nas rotas de transporte e na disponibilidade de recursos. Ao minimizar atrasos e ineficiências, esses sistemas garantem que os recursos críticos cheguem aos necessitados o mais rápido possível, salvando vidas e mitigando o sofrimento.

Por conseguinte, as soluções baseadas na IA têm um enorme potencial para melhorar a preparação para catástrofes, os sistemas de alerta precoce e a coordenação da resposta. Ao tirar partido do poder da análise de dados, da aprendizagem automática e da automatização, estas tecnologias permitem às autoridades e às comunidades antecipar, atenuar e responder eficazmente a uma vasta gama de catástrofes. No entanto, é essencial abordar as preocupações éticas, de privacidade e de equidade e garantir que as aplicações de IA sejam implantadas de forma responsável e inclusiva para maximizar os seus benefícios para todas as partes interessadas envolvidas nos esforços de gestão de catástrofes.

Estudos de casos: Aplicações de IA na redução do risco de catástrofes e no reforço da resiliência

Estudo de caso 1: Sistemas de previsão de inundações e de alerta precoce no Bangladesh

No Bangladesh, onde as inundações representam uma ameaça significativa para milhões de pessoas todos os anos, os sistemas de alerta precoce baseados em IA têm sido fundamentais para os esforços de redução do risco de catástrofes. O Bangladesh Water Development Board, em colaboração com vários parceiros, desenvolveu um modelo de previsão de cheias alimentado por algoritmos de IA. Este modelo integra dados de imagens de satélite, estações meteorológicas, medidores fluviais e registos históricos de inundações para prever eventos de inundação com maior precisão e antecedência. Ao utilizar técnicas de aprendizagem automática, o sistema aprende continuamente e melhora as suas capacidades de previsão, permitindo às autoridades emitir avisos atempados às comunidades vulneráveis. Estes avisos são divulgados através de redes de telemóveis, permitindo que os residentes tomem medidas proactivas, como a evacuação para abrigos seguros ou o reforço das defesas contra inundações, reduzindo assim o impacto das inundações nas vidas e nos meios de subsistência.

Estudo de caso 2: Deteção e gestão de incêndios florestais na Austrália

A Austrália, propensa a incêndios florestais frequentes e devastadores, implementou soluções baseadas em IA para melhorar a deteção e gestão de incêndios florestais. O Serviço de Bombeiros Rurais de Nova Gales do Sul (NSW RFS) implementou um sistema denominado FireLine, que utiliza algoritmos de IA para analisar imagens de satélite e detetar potenciais focos de incêndio em tempo real. Ao identificar automaticamente áreas de aumento de assinaturas de calor e plumas de fumo, o FireLine permite que os bombeiros respondam rapidamente a ameaças de incêndio emergentes, atribuam recursos de forma eficaz e dêem prioridade a áreas de evacuação. Além disso, a modelação preditiva baseada em IA ajuda a antecipar o comportamento do fogo e os padrões de propagação, permitindo às autoridades implementar preventivamente medidas de controlo e mitigar o impacto nos ecossistemas e nas comunidades. A integração das tecnologias de IA melhorou significativamente a eficiência e a eficácia dos esforços de gestão dos incêndios florestais, reduzindo tanto os tempos de resposta como a extensão dos danos causados pelos incêndios.

Estudo de caso 3: Sistema de alerta precoce de terramotos no Japão

O Japão, situado ao longo do Anel de Fogo do Pacífico e propenso à atividade sísmica, desenvolveu um dos sistemas de alerta precoce de sismos mais avançados do mundo, conhecido como o sistema de alerta precoce de sismos (EEW) da Agência Meteorológica do Japão (JMA). Este sistema utiliza algoritmos de IA para analisar rapidamente os dados sísmicos de uma rede de sismómetros distribuídos por todo o país. Ao detetar as ondas P iniciais de um terramoto, que se deslocam mais rapidamente do que as ondas S, mais destrutivas, o sistema EEW pode emitir avisos para as áreas que se prevê venham a sofrer fortes abalos antes da chegada dos tremores principais. Estes avisos são divulgados através de vários canais, incluindo televisão, rádio e alertas de telemóvel, proporcionando aos indivíduos e organizações segundos valiosos para tomarem medidas de proteção, tais como procurar abrigo ou interromper operações críticas. A integração da tecnologia de IA no sistema EEW aumentou significativamente a resistência do Japão aos terramotos, reduzindo o número de vítimas e os danos materiais.

Estudo de caso 4: Seguimento de furacões e previsão da intensidade nos Estados Unidos

Nos Estados Unidos, onde os furacões representam uma ameaça recorrente para as regiões costeiras, os sistemas alimentados por IA revolucionaram o rastreio e a previsão da intensidade dos furacões. A Administração Nacional Oceânica e Atmosférica (NOAA) utiliza algoritmos sofisticados de IA para analisar grandes quantidades de dados atmosféricos, incluindo imagens de satélite, condições oceânicas e registos históricos de tempestades. Ao identificar padrões e correlações complexas nestes dados, os modelos de IA podem gerar previsões mais exactas e atempadas das trajectórias e intensidades dos furacões. Estas previsões permitem às agências de gestão de emergências e às comunidades costeiras tomar decisões informadas sobre ordens de evacuação, afetação de recursos e preparação de infra-estruturas. Além disso, as simulações baseadas em IA permitem aos investigadores avaliar o impacto potencial de fenómenos meteorológicos extremos nas populações e ecossistemas vulneráveis, facilitando o planeamento proactivo e as medidas de atenuação dos riscos. A integração de tecnologias de IA melhorou significativamente a fiabilidade das previsões de furacões, reforçando assim a preparação e a resiliência ao longo das costas propensas a furacões.

Estudo de caso 5: Cartografia e monitorização do risco de deslizamento de terras no Nepal

O Nepal, caracterizado por um terreno acidentado e pela precipitação provocada pelas monções, enfrenta um risco persistente de deslizamentos de terras, sobretudo nas regiões montanhosas. Para enfrentar este desafio, o Governo do Nepal, em colaboração com parceiros internacionais, implementou sistemas de cartografia e monitorização do risco de deslizamento de terras baseados em IA. Estes sistemas utilizam imagens de satélite, dados topográficos e medições da precipitação para identificar áreas susceptíveis de deslizamentos de terras e avaliar a probabilidade de instabilidade dos declives. Ao empregar algoritmos de aprendizagem automática, estes modelos podem analisar continuamente factores ambientais e ocorrências históricas de deslizamentos de terras para aperfeiçoar os mapas de perigo e os limiares de alerta precoce. As comunidades locais recebem alertas através de mensagens SMS ou estações de rádio comunitárias, permitindo-lhes evacuar para locais mais seguros ou implementar medidas de estabilização de taludes. A integração de tecnologias de IA permitiu às autoridades e comunidades nepalesas gerir proactivamente os riscos de deslizamento de terras, salvaguardando vidas e infra-estruturas em áreas vulneráveis.

Estudo de caso 6: Preparação e resposta a tufões nas Filipinas

As Filipinas, localizadas na cintura de tufões do Pacífico Ocidental, enfrentam tufões frequentes e graves que resultam em devastação generalizada. Em resposta, a Administração dos Serviços Atmosféricos, Geofísicos e Astronómicos das Filipinas (PAGASA) adoptou ferramentas baseadas em IA para melhorar as capacidades de preparação e resposta a tufões. Estas ferramentas aproveitam os dados históricos dos tufões, as previsões meteorológicas e as condições oceânicas para gerar modelos preditivos das trajectórias e intensidades dos tufões. Ao incorporar algoritmos de aprendizagem automática, estes modelos podem adaptar-se e melhorar ao longo do tempo, aumentando a sua precisão na previsão das trajectórias das tempestades e das potenciais áreas de impacto. As autoridades locais utilizam estas previsões para ativar planos de evacuação, mobilizar equipas de resposta a emergências e pré-posicionar fornecimentos essenciais em comunidades vulneráveis. Além disso, as simulações baseadas em IA permitem aos decisores políticos avaliar a resiliência das infra-estruturas e das defesas costeiras contra fenómenos meteorológicos extremos, informando as decisões de investimento e as estratégias de adaptação. A integração de tecnologias de IA reforçou a resiliência das Filipinas aos tufões, reduzindo os impactos socioeconómicos destas catástrofes naturais nas populações afectadas.

Desafios e oportunidades na utilização da IA para a resiliência climática às escalas local e global

As alterações climáticas colocam desafios significativos às comunidades de todo o mundo, afectando os ecossistemas, as economias e o bem-estar humano. Para enfrentar estes desafios, reconhece-se cada vez mais a importância de criar resiliência aos riscos relacionados com o clima. A inteligência artificial (IA) oferece ferramentas e tecnologias promissoras para aumentar a resiliência climática, tanto à escala local como global. No entanto, o aproveitamento da IA para a resiliência climática também apresenta uma série de desafios que precisam de ser abordados. Este artigo explora os principais desafios e oportunidades no aproveitamento da IA para a resiliência climática, destacando os potenciais benefícios e riscos associados a estas tecnologias.

Desafios

Acessibilidade e qualidade dos dados: Um dos principais desafios na utilização da IA para a resiliência climática é a acessibilidade e a qualidade dos dados. Os algoritmos de IA dependem fortemente de dados para fazer previsões e recomendações exactas. No entanto, em muitas regiões, especialmente nos países em desenvolvimento, há uma falta de dados climáticos abrangentes e fiáveis. Além disso, os dados existentes podem estar fragmentados ou inacessíveis devido a questões de governação dos dados ou a restrições de propriedade. Sem acesso a dados de alta qualidade, as aplicações de IA para a resiliência climática podem produzir resultados pouco fiáveis ou agravar as desigualdades existentes.

Capacidade tecnológica e infra-estruturas: A implementação de soluções de IA para a resiliência climática requer capacidade tecnológica e infra-estruturas significativas. Muitas comunidades, particularmente em ambientes com poucos recursos, não têm a infraestrutura necessária para suportar tecnologias avançadas de IA, como conetividade à Internet de alta velocidade ou recursos de computação. Construir a infraestrutura tecnológica necessária pode ser dispendioso e demorado, o que constitui uma barreira à adoção da IA para a resiliência climática nestes contextos.

Implicações éticas e sociais: A utilização da IA nos esforços de resiliência climática levanta importantes considerações éticas e sociais. Os algoritmos de IA podem, inadvertidamente, perpetuar preconceitos ou exacerbar as desigualdades existentes se não forem desenvolvidos e utilizados de forma responsável. Além disso, existem preocupações sobre a transparência e a responsabilidade dos sistemas de IA, particularmente nos processos de tomada de decisão que afectam as populações vulneráveis. Garantir que as aplicações de IA para a resiliência climática respeitem os padrões éticos e dêem prioridade à equidade social é essencial para evitar consequências não intencionais e promover a confiança entre as partes interessadas.

Colaboração interdisciplinar: A abordagem da resiliência climática exige uma colaboração interdisciplinar entre vários sectores, incluindo a ciência do clima, a engenharia, as ciências sociais e a elaboração de políticas. No entanto, existe frequentemente uma falta de comunicação e colaboração entre estas diversas disciplinas, o que dificulta o desenvolvimento de soluções holísticas de IA para a resiliência climática. É essencial colmatar o fosso entre os diferentes sectores e promover a colaboração interdisciplinar para garantir que as aplicações de IA respondem eficazmente aos desafios complexos da resiliência climática.

Oportunidades

Sistemas de alerta precoce: Os sistemas de alerta precoce alimentados por IA têm o potencial de melhorar significativamente a preparação e a resposta a riscos relacionados com o clima, tais como fenómenos meteorológicos extremos e catástrofes naturais. Ao analisar dados em tempo real de várias fontes, incluindo imagens de satélite, estações meteorológicas e redes sociais, os algoritmos de IA podem fornecer avisos atempados e precisos, permitindo que as comunidades tomem medidas proactivas para mitigar os riscos e minimizar o impacto das catástrofes.

Tomada de decisões adaptável: A IA pode apoiar a tomada de decisões adaptativas nos esforços de resiliência climática, fornecendo conhecimentos e recomendações accionáveis com base na análise de dados complexos. Os algoritmos de aprendizagem automática podem identificar padrões e tendências em dados climáticos históricos, ajudando os decisores políticos e as partes interessadas a antecipar riscos futuros e a desenvolver estratégias de adaptação eficazes. As ferramentas de apoio à decisão baseadas em IA podem permitir uma tomada de decisões mais informada e proactiva, aumentando a resiliência das comunidades aos impactos das alterações climáticas.

Envolvimento e capacitação da comunidade: As tecnologias de IA podem facilitar o envolvimento e a capacitação da comunidade em iniciativas de resiliência climática. As abordagens participativas, como a ciência cidadã e a monitorização baseada na comunidade, podem ser aumentadas por ferramentas de IA para recolher e analisar dados locais, permitindo que as comunidades contribuam ativamente para os esforços de construção da resiliência. Ao envolver as partes interessadas locais na conceção e implementação de aplicações de IA, as intervenções de resiliência podem ser adaptadas para satisfazer as necessidades e prioridades específicas das comunidades, promovendo a apropriação e a sustentabilidade.

Soluções climáticas em escala: A IA tem o potencial de escalar soluções de resiliência climática através da automatização de tarefas repetitivas, da otimização da atribuição de recursos e da facilitação da partilha de conhecimentos e da colaboração. Através da análise avançada de dados e da modelação preditiva, a IA pode identificar intervenções rentáveis e dar prioridade aos investimentos em medidas de reforço da resiliência. Além disso, as plataformas e redes baseadas na IA podem ligar as partes interessadas de diferentes regiões e sectores, permitindo a replicação e adaptação de estratégias de resiliência climática bem sucedidas à escala.

O aproveitamento da IA para a resiliência climática apresenta desafios e oportunidades para as comunidades de todo o mundo. Embora a acessibilidade dos dados, a capacidade tecnológica e as considerações éticas representem obstáculos significativos, a IA também oferece soluções inovadoras para melhorar os sistemas de alerta precoce, a tomada de decisões adaptativas, o envolvimento da comunidade e o aumento das intervenções de resiliência climática. Ao enfrentar estes desafios e capitalizar as oportunidades, as partes interessadas podem aproveitar todo o potencial da IA para construir sociedades resilientes ao clima e alcançar objectivos de desenvolvimento sustentável à escala local e global.

CAPÍTULO 5

Tendências emergentes e direcções futuras da IA para a ação climática

Introdução

À medida que a urgência de lidar com as alterações climáticas se torna cada vez mais evidente, o papel da IA na ação climática está a atrair uma atenção significativa. As tecnologias de IA oferecem um imenso potencial para melhorar a nossa compreensão da dinâmica climática, otimizar as estratégias de mitigação e reforçar a resiliência aos riscos relacionados com o clima. Neste ensaio, exploraremos as tendências emergentes e as direcções futuras que moldam a intersecção da IA e da ação climática.

Avanços na modelação e previsão do clima: Uma das aplicações mais promissoras da IA na ação climática reside na sua capacidade de melhorar a modelização e a previsão do clima. Os modelos climáticos tradicionais baseiam-se em equações e simulações complexas, muitas vezes limitadas pelo poder computacional e pelas restrições de dados. No entanto, os algoritmos de aprendizagem automática podem analisar grandes quantidades de dados climáticos para identificar padrões e relações que permitam previsões mais exactas. As tendências emergentes na modelação climática baseada na IA incluem a integração de dados de satélite, uma melhor representação dos mecanismos de feedback e o desenvolvimento de abordagens de modelação de conjuntos que tenham em conta as incertezas.

Soluções moduláveis para a adaptação às alterações climáticas: A adaptação às alterações climáticas exige soluções escaláveis que possam dar resposta a diversos desafios em todas as regiões e sectores. As tecnologias de IA oferecem o potencial para personalizar as estratégias de adaptação com base no contexto local e nos dados em tempo real. Por exemplo, as ferramentas de avaliação de risco baseadas em IA podem dar prioridade a intervenções em comunidades vulneráveis, enquanto a análise preditiva permite sistemas

59

de alerta precoce para fenómenos meteorológicos extremos. As direcções futuras da IA para a adaptação climática incluem a utilização da aprendizagem por reforço para estratégias de gestão adaptativa, redes de IA descentralizadas para a criação de resiliência comunitária e a integração da IA com sistemas de conhecimento tradicionais para abordagens holísticas à adaptação.

Otimização de sistemas de energias renováveis: A transição para fontes de energia renováveis é crucial para mitigar as alterações climáticas, mas a otimização da integração das energias renováveis nas redes existentes apresenta desafios significativos. Os algoritmos de IA podem otimizar a produção, armazenamento e distribuição de energia para maximizar a eficiência e minimizar os custos. As tendências emergentes em IA para as energias renováveis incluem a utilização de aprendizagem profunda para a previsão eólica e solar, sistemas de gestão de microrredes alimentados por IA e tecnologia blockchain para o comércio de energia peer-to-peer. À medida que as tecnologias de energias renováveis continuam a evoluir, a IA desempenhará um papel central para permitir a sua integração perfeita no panorama energético global.

Financiamento climático e avaliação de riscos: A mobilização de recursos financeiros para a ação climática é essencial para a aplicação de medidas de atenuação e adaptação. A IA pode melhorar o financiamento do clima, melhorando a avaliação dos riscos, facilitando as decisões de investimento e acompanhando o impacto dos investimentos relacionados com o clima. Os algoritmos de aprendizagem automática podem analisar as tendências do mercado, avaliar os riscos climáticos para as carteiras de investimento e identificar oportunidades de financiamento sustentável. As direcções futuras da IA para o financiamento do clima incluem o desenvolvimento de soluções fintech ecológicas, a utilização de modelos de risco climático baseados em

IA para seguros e resseguros e a aplicação de cadeias de blocos para mecanismos transparentes e descentralizados de financiamento do clima.

Considerações éticas e de governação: À medida que as tecnologias de IA se tornam cada vez mais integradas nos esforços de ação climática, as considerações éticas e de governação tornam-se primordiais. É essencial garantir a transparência, a responsabilidade e a equidade no desenvolvimento e implementação da IA para a ação climática, para evitar o agravamento das desigualdades e vulnerabilidades existentes. As direcções futuras na governação da IA incluem o estabelecimento de orientações e normas éticas para a IA na ação climática, a promoção de processos de tomada de decisão inclusivos e participativos e o desenvolvimento de mecanismos para auditar e verificar a justiça e a precisão dos algoritmos de IA.

A intersecção entre a IA e a ação climática apresenta oportunidades sem precedentes para enfrentar os complexos desafios das alterações climáticas. Ao aproveitar o poder da IA para a modelação climática, adaptação, otimização das energias renováveis, financiamento climático e governação, podemos acelerar o progresso em direção a um futuro sustentável e resiliente. No entanto, a concretização de todo o potencial da IA para a ação climática exige esforços concertados para abordar considerações éticas, de governação e de equidade. À medida que navegamos pelas complexidades da crise climática, a IA representa uma ferramenta poderosa nos nossos esforços colectivos para salvaguardar o planeta para as gerações futuras.

Aproveitar o potencial da IA para atingir o Objetivo 13 dos ODS: Recomendações para decisores políticos, empresas e organizações

A IA é imensamente promissora no avanço dos esforços para enfrentar as alterações climáticas e alcançar o Objetivo de Desenvolvimento Sustentável (ODS) 13: Ação Climática. À medida que os decisores políticos, as empresas e as organizações navegam neste cenário complexo, as recomendações estratégicas são cruciais para aproveitar eficazmente o potencial da IA. Esta secção apresenta recomendações práticas adaptadas a estes intervenientes-chave para maximizar o impacto da IA na concretização do Objetivo 13 do ODS.

Recomendações para os decisores políticos

Promover a colaboração e a partilha de dados: Incentivar a colaboração entre governos, instituições de investigação e entidades do sector privado para facilitar a partilha de dados para a investigação relacionada com o clima e o desenvolvimento da IA. Estabelecer quadros de governação de dados que dêem prioridade à privacidade, segurança e acesso equitativo aos dados, ao mesmo tempo que promovem a inovação em aplicações de IA para a ação climática.

Investir na investigação e desenvolvimento da IA: Atribuir financiamento e recursos para apoiar iniciativas de investigação de IA centradas na modelação climática, na redução do risco de catástrofes e no desenvolvimento sustentável. Estabelecer bolsas de investigação e programas de incentivo para encorajar o desenvolvimento de tecnologias de IA adaptadas à resiliência climática e aos esforços de mitigação.

Implementar marcos regulatórios: Desenvolver estruturas regulatórias robustas para governar o uso ético e responsável da IA na ação climática, incluindo diretrizes para transparência de algoritmos, responsabilidade e mitigação de viés. Trabalhar em colaboração com parceiros internacionais para harmonizar os regulamentos e padrões de IA para garantir consistência e interoperabilidade entre jurisdições.

Promover o desenvolvimento de capacidades e a educação: Investir em programas de formação e iniciativas educativas para reforçar a capacidade dos decisores políticos e dos funcionários governamentais para compreenderem as tecnologias de IA e as suas potenciais aplicações na ação climática. Fomentar parcerias com instituições académicas e especialistas da indústria para desenvolver programas de formação personalizados sobre IA para o desenvolvimento sustentável e a resiliência climática.

Recomendações para as empresas

Integrar a IA nas estratégias de sustentabilidade:

Incorporar tecnologias de IA em estratégias de sustentabilidade corporativa para melhorar a avaliação de riscos climáticos, a otimização de recursos e os esforços de redução de emissões. Colaborar com startups de IA e fornecedores de tecnologia para desenvolver soluções personalizadas que abordem desafios climáticos específicos nas cadeias de abastecimento e operações.

Adotar práticas de IA responsáveis: Dar prioridade a considerações éticas no desenvolvimento e implantação da IA, incluindo transparência, justiça e responsabilidade. Implementar estruturas de governança robustas e mecanismos de monitoramento e auditoria de sistemas de IA para mitigar riscos potenciais e garantir o alinhamento com os objetivos de sustentabilidade.

Apoiar a colaboração do ecossistema: Colaborar com colegas da indústria, Organizações Não Governamentais (ONG) e agências governamentais para promover a inovação colaborativa e a partilha de conhecimentos em IA para a ação climática. Participar em consórcios da indústria e iniciativas de várias partes interessadas destinadas a promover a utilização responsável da IA para lidar com as alterações climáticas.

Aproveitar os dados para a inovação sustentável: Aproveitar a análise de grandes volumes de dados e os algoritmos de IA para extrair conhecimentos de conjuntos de dados ambientais e informar os processos de tomada de decisões relacionados com a conceção de produtos sustentáveis, a gestão da energia e a redução das emissões. Explorar parcerias com instituições de investigação e agências governamentais para aceder e tirar partido de repositórios de dados abertos para desenvolver soluções baseadas em IA para a resiliência e adaptação ao clima.

Recomendações para as organizações

Dar prioridade à ação climática na governação empresarial: Integrar as considerações climáticas nas estruturas de governação organizacional, incluindo a supervisão do conselho de administração, a gestão de riscos e os processos de planeamento estratégico. Definir metas climáticas ambiciosas alinhadas com os objectivos do Acordo de Paris e aproveitar as tecnologias de IA para acompanhar o progresso, identificar oportunidades e mitigar riscos.

Envolver as partes interessadas e as comunidades: Colaborar com as comunidades locais, organizações da sociedade civil e grupos indígenas para co-criar soluções de IA que abordem os desafios climáticos específicos da comunidade e priorizem a equidade social. Promover a transparência e o envolvimento das partes interessadas durante todo o ciclo de vida do desenvolvimento da IA para criar confiança e garantir que as soluções sejam inclusivas e respondam a diversas necessidades e perspectivas.

Investir na Resiliência e Adaptação: Alocar recursos para melhorar a resiliência organizacional e as capacidades de adaptação face aos riscos e perturbações relacionados com o clima. Aproveitar as ferramentas de avaliação de risco baseadas em IA e as técnicas de planeamento de cenários para antecipar e preparar os impactos climáticos nas operações, cadeias de abastecimento e comunidades.

Defender o apoio político: Defender estruturas de políticas de apoio nos níveis local, nacional e internacional que incentivem investimentos em IA para ação climática e removam barreiras à inovação. Envolver-se no diálogo político e em parcerias público-privadas para moldar agendas regulatórias e promover a adoção de políticas facilitadoras para o desenvolvimento sustentável e a implantação de IA.

Considerações éticas e princípios para o desenvolvimento e a aplicação responsáveis da IA na ação climática

A IA é muito promissora para enfrentar o desafio urgente das alterações climáticas, oferecendo soluções inovadoras para monitorizar, atenuar e adaptar-se às alterações ambientais. No entanto, a integração da IA nas iniciativas de ação climática levanta considerações éticas importantes que devem ser cuidadosamente abordadas. Garantir o desenvolvimento e a aplicação responsáveis da IA na ação climática exige a adesão a princípios éticos que dão prioridade à equidade, à transparência, à responsabilidade e à sustentabilidade ambiental.

Equidade e justiça ambiental: Uma das principais considerações éticas na utilização da IA para a ação climática é garantir a equidade e a justiça ambiental. As alterações climáticas afectam de forma desproporcionada as comunidades vulneráveis, exacerbando as desigualdades existentes. Por isso, as soluções de IA devem dar prioridade ao acesso equitativo a recursos, informação e processos de tomada de decisão. Isto requer o envolvimento ativo de comunidades marginalizadas na conceção e implementação de tecnologias de IA, considerando as suas necessidades e perspectivas únicas. Além disso, devem ser feitos esforços para evitar que o fosso digital se alargue ainda mais, garantindo que os benefícios da IA sejam acessíveis a todos, independentemente do estatuto socioeconómico ou da localização geográfica.

Transparência e responsabilidade: A transparência e a responsabilidade são princípios essenciais para assegurar o desenvolvimento ético e a utilização da IA na ação climática. A transparência implica o fornecimento de informações claras e acessíveis sobre as fontes de dados, os algoritmos e os processos de tomada de decisão subjacentes aos sistemas de IA utilizados em aplicações relacionadas com o clima. Esta transparência promove a confiança e permite que as partes interessadas compreendam como as tecnologias de IA influenciam os processos de tomada de decisão. Além disso, devem ser criados mecanismos de responsabilização para responsabilizar os criadores e utilizadores de IA pelos impactos sociais e ambientais das suas tecnologias. Isto inclui mecanismos para lidar com enviesamentos, erros e consequências não intencionais que possam surgir da utilização da IA.

Privacidade e segurança dos dados: A utilização da IA na ação climática envolve frequentemente a recolha e análise de grandes quantidades de dados, incluindo informações sensíveis sobre indivíduos e comunidades. Por conseguinte, a proteção da privacidade dos dados e a garantia da cibersegurança são considerações éticas fundamentais. Os sistemas de IA devem aderir a normas robustas de proteção de dados, incluindo técnicas de anonimização, encriptação e práticas de minimização de dados. Além disso, devem ser implementadas medidas de proteção contra o acesso não autorizado, as violações de dados e a utilização indevida de informações pessoais. Respeitar os direitos de privacidade dos indivíduos e garantir a segurança da infraestrutura de dados é essencial para manter a confiança e a integridade das soluções climáticas baseadas em IA.

Sustentabilidade ambiental: Embora a IA tenha o potencial de contribuir para a sustentabilidade ambiental, a sua própria pegada ambiental deve ser cuidadosamente gerida. O consumo de energia associado à formação e execução de modelos de IA, bem como a produção e eliminação de componentes de hardware, podem ter impactos ambientais significativos. Por conseguinte, o desenvolvimento ético da IA implica dar prioridade a algoritmos eficientes em termos energéticos, otimizar os recursos computacionais e promover a utilização de energias renováveis nas infra-estruturas de IA. Além disso, devem ser envidados esforços para reduzir os resíduos electrónicos através da reciclagem responsável e de práticas de economia circular. Ao minimizar a pegada ambiental das tecnologias de IA, podemos garantir que as iniciativas de ação climática estão alinhadas com objectivos de sustentabilidade mais amplos.

Conceção centrada no ser humano e tomada de decisões: Os princípios da conceção centrada no ser humano devem orientar o desenvolvimento e a implementação da IA na ação climática, dando prioridade ao bem-estar e à capacidade de ação dos indivíduos e das comunidades. Isto implica envolver ativamente as partes interessadas no processo de conceção, realizar avaliações de impacto exaustivas e considerar as implicações éticas das tecnologias de IA a partir de uma perspetiva holística. Além disso, a IA deve complementar a tomada de decisões humana em vez de a substituir, capacitando os utilizadores com conhecimentos accionáveis e apoiando processos de tomada de decisões informados. Ao centrar-se nos valores e prioridades humanos, a IA pode aumentar a eficácia e a equidade dos esforços de ação climática.

O desenvolvimento e a aplicação responsáveis da IA na ação climática exigem a adesão a princípios éticos que dão prioridade à equidade, à transparência, à responsabilidade e à sustentabilidade ambiental. Ao abordar estas considerações éticas, podemos aproveitar todo o potencial da IA para aumentar a resiliência climática, mitigar os riscos ambientais e promover um futuro mais justo e sustentável. À medida que continuamos a inovar e a integrar a IA nas iniciativas de ação climática, é imperativo dar prioridade às considerações éticas e garantir que as tecnologias de IA servem o bem comum, minimizando os danos para as pessoas e para o planeta.

BIBLIOGRAFIA

1. Louman, B., Keenan, R. J., Kleinschmit, D., Atmadja, S., Sitoe, A. A., Nhantumbo, I., ... & Morales, J. P. (2019). ODS 13: Ação climática - impactos nas florestas e nas pessoas. Objectivos de desenvolvimento sustentável: os seus impactos nas florestas e nas pessoas, 419-444.

2. Doni, F., Gasperini, A., & Soares, J. T. (2020). O que é o ODS 13? Em ODS13-Ação climática: Combatendo as mudanças climáticas e seus impactos (pp. 21-30). Emerald Publishing Limited.

3. Campbell, B. M., Hansen, J., Rioux, J., Stirling, C. M., & Twomlow, S. (2018). Ação urgente para combater as alterações climáticas e os seus impactos (ODS 13): transformar a agricultura e os sistemas alimentares. Opinião atual em sustentabilidade ambiental, 34, 13-20.

4. Soergel, B., Kriegler, E., Weindl, I., Rauner, S., Dirnaichner, A., Ruhe, C., ... & Popp, A. (2021). Uma via de desenvolvimento sustentável para a ação climática no âmbito da Agenda 2030 da ONU. Nature Climate Change, 11(8), 656-664.

5. Cohen, B., Cowie, A., Babiker, M., Leip, A., & Smith, P. (2021). Co-benefícios e trade-offs das ações de mitigação das mudanças climáticas e os Objetivos de Desenvolvimento Sustentável. Produção e Consumo Sustentáveis, 26, 805-813.

6. Gibb, N. (2016). Preparar o clima: Um guia para as escolas sobre a ação climática e a abordagem de toda a escola. Publicações da UNESCO.

7. Coenen, J., Glass, L. M., & Sanderink, L. (2022). Dois graus e os ODS: uma análise de rede das interligações entre as ações climáticas transnacionais e os Objetivos de Desenvolvimento Sustentável. Ciência da Sustentabilidade, 17(4), 1489-1510.

8. Haines, A., Amann, M., Borgford-Parnell, N., Leonard, S., Kuylenstierna, J., & Shindell, D. (2017). Mitigação de poluentes

climáticos de curta duração e os Objectivos de Desenvolvimento Sustentável. Nature Climate Change, 7(12), 863-869.

9. Bassett, E., & Shandas, V. (2010). Inovação e planeamento da ação climática: Perspectivas dos planos municipais. Journal of the American planning association, 76(4), 435-450.

10. Kuramochi, T., Roelfsema, M., Hsu, A., Lui, S., Weinfurter, A., Chan, S., ... & Höhne, N. (2020). Para além da ação climática nacional: o impacto dos compromissos das regiões, cidades e empresas nas emissões globais de gases com efeito de estufa. Climate Policy, 20(3), 275-291.

11. Falduto, C., & Rocha, M. (2020). Alinhamento da ação climática de curto prazo com os objectivos climáticos de longo prazo: Opportunities and options for enhancing alignment between NDCs and long-term strategies.

12. Arroyo, V. (2018). A cimeira global de ação climática: aumentar a ambição em tempos turbulentos. Política Climática, 18(9), 1087-1093.

Printed by Books on Demand GmbH, Norderstedt / Germany